信息安全理论与实践

吴衡 董峰 著

国防工業出版社

·北京·

内 容 简 介

网络安全是计算机领域非常重要却又不容易掌握的内容之一。本书从最基本的网络协议开始讲起，直到网络安全领域软硬件的使用和配置操作，内容涉及网络安全扫描、入侵检测技术、防火墙技术和操作系统安全，以及各种理论的相关实践，如 Nmap 扫描软件、Snort 扫描软件、Iptables 防火墙软件等软件的安装、配置和使用。

本书内容翔实、结构清晰、循序渐进，并注意各个章节与实例之间的呼应和实践，既可以作为初学者的入门教材，也适用于有一定网络管理经验的技术人员学习和参考。

图书在版编目（CIP）数据

信息安全理论与实践/吴衡，董峰著. —北京：国防工业出版社，2015.2
ISBN 978-7-118-09913-3

Ⅰ. ①信... Ⅱ. ①吴...②董... Ⅲ. ①信息安全－安全技术 Ⅳ. ①TP309

中国版本图书馆 CIP 数据核字（2015）第 021646 号

※

国防工业出版社出版发行
（北京市海淀区紫竹院南路 23 号 邮政编码 100048）
北京嘉恒彩色印刷有限责任公司
新华书店经售

*

开本 710×1000 1/16 **印张** 12 **字数** 208 千字
2015 年 2 月第 1 版第 1 次印刷 **印数** 1—2500 册 **定价** 49.00 元

国防书店：（010）88540777　　发行邮购：（010）88540776
发行传真：（010）88540755　　发行业务：（010）88540717

前　言

随着互联网的飞速发展,黑客、攻击和入侵等安全问题与日俱增,给网络的正常使用带来了很大的影响。考虑到网络数据的巨大价值,安全业务已持续成为各大公司和研究机构关注的重点。

为了应对这些挑战,国内外很多网络安全公司近年来相继开发出各种专用安全防范工具,如防火墙、入侵检测系统等,其价格动辄数万元甚至数十万元人民币。而各种宣传更是让用户眼花缭乱,众多的新概念、新产品让用户甚至技术人员无所适从。如何让技术人员更好地理解网络安全的核心理念,掌握与网络安全紧密相关的技术,就成为维护网络安全的前提条件。

本书从与网络安全有关的网络基础知识讲起,重点介绍网络扫描知识、防火墙技术、入侵检测技术和操作系统安全,为读者打开网络安全之门起到了抛砖引玉的作用。

本书既注重理论知识的讲解,更注重实际应用能力的培养与训练。主要内容如下:

第 1 章是基础理论。主要包括计算机的网络基础知识,重点介绍了网络协议和网络面临的主要威胁。本章是学习其他章节的基础知识,很多网络协议和概念在本章讲解,如 TCP/IP 协议、网络操作系统等。

第 2 章介绍网络扫描知识。无论是入侵网络还是攻击网络,网络扫描都是黑客的第一把尖刀,所以理解扫描的原理和实现手段对筑起网络安全第一道屏障起到相当大的作用。扫描有多种算法,如高速扫描、分布式扫描等。本章以 Nmap 为例,模拟真实网络环境,实验 Nmap 扫描器的用法。

第 3 章介绍防火墙知识。本章介绍不同类型的防火墙,及其工作原理和适用场合。防火墙的选择和配置是本章的重点,最后用 Iptables 实践练习了软件防火墙的搭建。

第 4 章介绍入侵检测技术。入侵检测是系统安全的一个重要环节,往往也是最后一环,对网络安全防范、网络犯罪取证具有重要的意义。本章从入侵检测的原理入手,分析不同入侵检测技术的优劣和各种入侵手段的检测方法。Snort 作为入侵检测的明星产品,本章分别针对两种主流操作系统的安装、配置和使用进行了说明。

第 5 章介绍操作系统安全。本章讲解操作系统自身安全工作原理和操作系统的安全机制,以及针对操作系统的攻击和安全操作系统的设置。通过对 Windows、Linux 和 Unix 操作系统的安全机制配置的练习,加深读者对本章内容的掌握。

本书图文并茂、条理清晰、通俗易懂、内容丰富,操作步骤详细,方便读者上机实践;同时在难以理解和掌握的部分内容上给出相关提示,让读者能够快速地提高操作技能。

本书全文由吴衡同志编写,编写过程中参考了许多已出版发行的书籍、论文、著作以及互联网上公开的资料,从中得到了不少帮助和启发,由于篇幅有限,恕无法一一列出,在此对它们的作者表示衷心的感谢。

由于作者水平有限,本书不足之处在所难免,欢迎广大读者批评指正。

作 者

2014.10

目　录

第 1 章　计算机网络概述

1.1　计算机网络的基本概念

1.1.1　什么是计算机网络

计算机网络，是指将地理位置不同的具有独立功能的多台计算机及其外部设备，通过通信线路连接起来，在网络操作系统、网络管理软件及网络通信协议的管理和协调下，实现资源共享和信息传递的计算机系统。通俗地讲，计算机网络是由多台计算机(或其他计算机网络设备)通过传输介质和软件物理(或逻辑)连接在一起组成的。

简单地说，计算机网络就是通过电缆、电话线或无线通信将两台以上的计算机互连起来的集合。

计算机网络的发展经历了面向终端的单级计算机网络、计算机网络对计算机网络和开放式标准化计算机网络三个阶段。

计算机网络由计算机、网络操作系统、传输介质(可以是有形的，也可以是无形的，如无线网络的传输介质就是看不见的电磁波)以及相应的应用软件四部分组成。

1.1.2　计算机网络的主要功能

计算机网络的主要功能是实现计算机之间的资源共享、网络通信和对计算机的集中管理，此外还有负载均衡、分布式处理和提高系统安全与可靠性等功能。

1. 资源共享

(1) 硬件资源：包括各种类型的计算机、大容量存储设备、计算机外部设备，如彩色打印机、静电绘图仪等。

(2) 软件资源：包括各种应用软件、工具软件、系统开发所用的支撑软件、语言处理程序、数据库管理系统等。

(3) 数据资源：包括数据库文件、数据库、办公文档资料、企业生产报表等。

(4) 信道资源：通信信道可以理解为电信号的传输介质。通信信道的共享是计算机网络中最重要的共享资源之一。

2. 网络通信

通信通道可以传输各种类型的信息，包括数据信息和图形、图像、声音、视频流等各种多媒体信息。

3. 分布处理

把要处理的任务分散到各个计算机上运行，而不是集中在一台大型计算机上。这样，不仅可以降低软件设计的复杂性，而且还可以大大提高工作效率和降低成本。

4. 集中管理

计算机在没有联网的条件下，每台计算机都是一个“信息孤岛”。在管理这些计算机时，必须分别管理。而计算机联网后，可以在某个中心位置实现对整个网络的管理，如数据库信息检索系统、交通运输部门的定票系统、军事指挥系统等。

5. 均衡负荷

当网络中某台计算机的任务负荷太重时，通过网络和应用程序的控制和管理，将作业分散到网络中的其他计算机中，由多台计算机共同完成。

1.1.3 计算机网络的特点

1. 可靠性

在一个网络系统中，当一台计算机出现故障时，可立即由系统中的另一台计算机来代替其完成所承担的任务。同样，当网络的一条链路出了故障时，可选择其他的通信链路进行连接。

2. 高效性

计算机网络系统摆脱了中心计算机控制结构数据传输的局限性，并且信息传递迅速，系统实时性强。网络系统中各相连的计算机能够相互传送数据信息，使相距很远的用户之间能够及时、快速、高效、直接地交换数据。

3. 独立性

网络系统中各相连的计算机是相对独立的，它们之间的关系是既互相联系，又相互独立。

4. 扩充性

在计算机网络系统中，人们能够很方便、灵活地接入新的计算机，从而达到扩充网络系统功能的目的。

5. **廉价性**

计算机网络使计算机用户能够分享到大型机的功能特性，充分体现了网络系统的“群体”优势，能节省投资和降低成本。

6. **分布性**

计算机网络能将分布在不同地理位置的计算机进行互连，可将大型、复杂的综合性问题实行分布式处理。

7. **易操作性**

对计算机网络用户而言，掌握网络使用技术比掌握大型机使用技术简单，实用性也很强。

1.2 计算机网络的结构组成

一个完整的计算机网络系统是由网络硬件和网络软件所组成的。网络硬件是计算机网络系统的物理实现，网络软件是网络系统中的技术支持。两者相互作用，共同完成网络功能。

(1) 网络硬件：一般指网络的计算机、传输介质和网络连接设备等。

(2) 网络软件：一般指网络操作系统、网络通信协议等。

1.2.1 网络硬件的组成

计算机网络硬件系统是由计算机(主机、客户机、终端)、通信处理机(集线器、交换机、路由器)、通信线路(同轴电缆、双绞线、光纤)、信息变换设备(Modem，编码解码器)等构成。

1. **主计算机**

在一般的局域网中，主机通常称为服务器，是为客户提供各种服务的计算机，因此对其有一定的技术指标要求，特别是主、辅存储容量及其处理速度要求较高。根据服务器在网络中所提供的服务不同，可将其划分为文件服务器、打印服务器、通信服务器、域名服务器、数据库服务器等。

2. **网络工作站**

除服务器外，网络上的其余计算机主要是通过执行应用程序来完成工作任务的，这种计算机称为网络工作站或网络客户机。它是网络数据主要的发生场所和使用场所，用户主要是通过使用工作站利用网络资源并完成自己的作业。

3. **网络终端**

网络终端是用户访问网络的界面，它可以通过主机联入网内，也可以通过通信控制处理机联入网内。

4. 通信处理机

通信处理机一方面作为资源子网的主机、终端连接的接口，将主机和终端连入网内；另一方面，它又作为通信子网中分组存储转发节点，完成分组的接收、校验、存储和转发等功能。

5. 通信线路

通信线路(链路)是为通信处理机与通信处理机、通信处理机与主机之间提供通信信道。

6. 信息变换设备

信息变换设备对信号进行变换，包括调制解调器、无线通信接收和发送器、用于光纤通信的编码解码器等。

1.2.2 网络软件的组成

在计算机网络系统中，除了各种网络硬件设备外，还必须具有网络软件。

1. 网络操作系统

网络操作系统是网络软件中最主要的软件，用于实现不同主机之间的用户通信，以及全网硬件和软件资源的共享，并向用户提供统一的、方便的网络接口，便于用户使用网络。目前网络操作系统有三大阵营，即 UNIX、NetWare 和 Windows。目前，我国最广泛使用的是 Windows 网络操作系统。

2. 网络协议软件

网络协议是网络通信的数据传输规范，网络协议软件是用于实现网络协议功能的软件。

目前，典型的网络协议软件有 TCP/IP 协议、IPX/SPX 协议、IEEE 802 系列标准协议等。其中，TCP/IP 是当前异种网络互连应用最为广泛的网络协议软件。

3. 网络管理软件

网络管理软件是用来对网络资源进行管理以及对网络进行维护的软件，如性能管理、配置管理、故障管理、计费管理、安全管理、网络运行状态监视与统计等。

4. 网络通信软件

网络通信软件是用于实现网络中各种设备之间进行通信的软件，使用户能够在不必详细了解通信控制规程的情况下，控制应用程序与多个站进行通信，并对大量的通信数据进行加工和管理。

5. 网络应用软件

网络应用软件是为网络用户提供服务，它研究的重点不是网络中各个独立的计算机本身的功能，而是如何实现网络特有的功能。

1.2.3 计算机网络的拓扑结构

在组建计算机网络时，要考虑网络的布线方式，这也就涉及到了网络拓扑结构(Topology)的内容。网络拓扑结构是指网路中计算机线缆，以及其他组件的物理布局。

计算机网络常用的拓朴结构有总线型结构、环型结构、星型结构、树型结构。拓扑结构影响着整个网络的设计、功能、可靠性和通信费用等许多方面，是决定整个网络性能优劣的重要因素之一。

1. 总线型拓扑结构

总线型拓扑结构是指网络上的所有计算机都通过一条电缆相互连接起来，如图 1-1 所示。

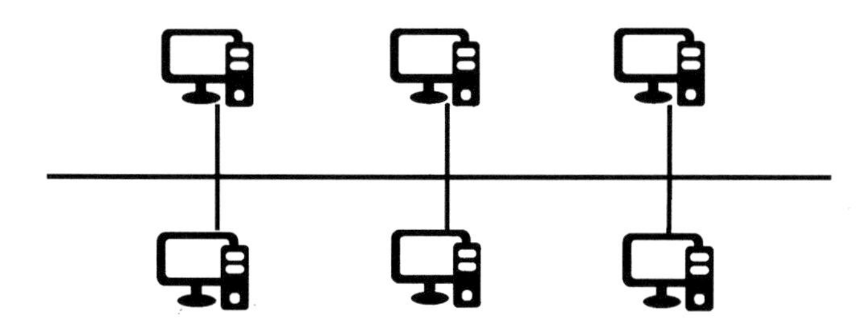

图 1-1　总线型拓扑结构示意图

在总线上，任何一台计算机在发送信息时，其他计算机必须等待。计算机发送的信息会沿着总线向两端扩散，从而使网络中所有计算机都会收到这个信息，但是否接收，还取决于信息的目标地址是否与网络主机地址相一致，即：若一致，则接受；若不一致，则不接收。连接在总线上的计算机必须相互协调，保证在任何时候只有一台计算机发送信号，否则会发生冲突。

在总线型网络中，信号会沿着网线发送到整个网络。当信号到达线缆的端点时，将产生反射信号，这种发射信号会与后续信号发送冲突，从而使通信中断。为了防止通信中断，必须在线缆的两端安装终结器，以吸收端点信号，防止信号反弹。

总线型网络不需要插入任何其他的连接设备。网络中任何一台计算机发送的信号都沿一条共同的总线传播，而且能被其他所有计算机接收。有时又称这种网络结构为点对点拓扑结构。

优点：它是最简单的一种拓扑结构，易于安装、成本费用低。

缺点：①传送数据的速度缓慢，共享一条电缆，只能有其中一台计算机发送信息，网络利用率低；②维护困难，因为网络一旦出现断点，整个网络将瘫痪，而且故障点很难查找。

2. 星型拓扑结构

每个节点都由一个单独的通信线路连接到中心节点上。中心节点控制全网的通信，任何两台计算机之间的通信都要通过中心节点来转接。因此中心节点是网络的瓶颈，这种拓扑结构又称为集中控制式网络结构，是目前使用最普遍的拓扑结构，处于中心的网络设备可以是集线器(Hub)也可以是交换机，如图 1-2 所示。

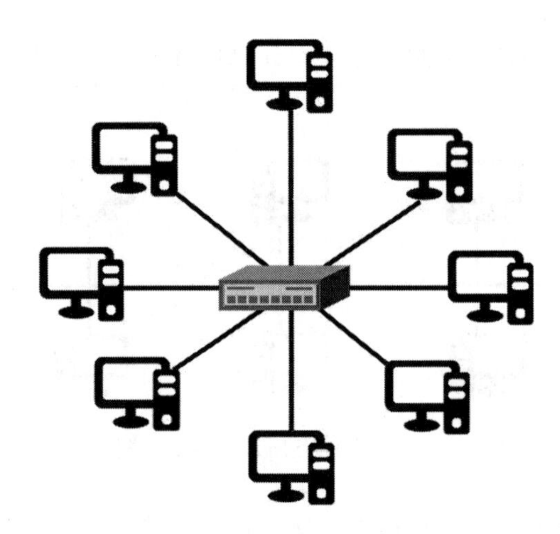

图 1-2　星型拓扑结构示意图

优点：结构简单、便于维护和管理，因为某台计算机或头条线缆出现问题时，不会影响其他计算机的正常通信，维护比较容易。

缺点：通信线路专用，电缆成本高；中心节点是全网络的可靠瓶颈，中心节点出现故障会导致网络的瘫痪。

3. 环型拓扑结构

环型拓扑结构，如图 1-3 所示，是以一个共享的环型信道连接所有设备，称为令牌环。在环型拓扑中，信号会沿着环型信道按一个方向传播，并通过每台计算机。而且，每台计算机会对信号进行放大后，传给下一台计算机。同时，在网络中有一种特殊的信号称为令牌。令牌按顺时针方向传输。当某台计算机要发送信息时，必须先捕获令牌，再发送信息。发送信息后在释放令牌。

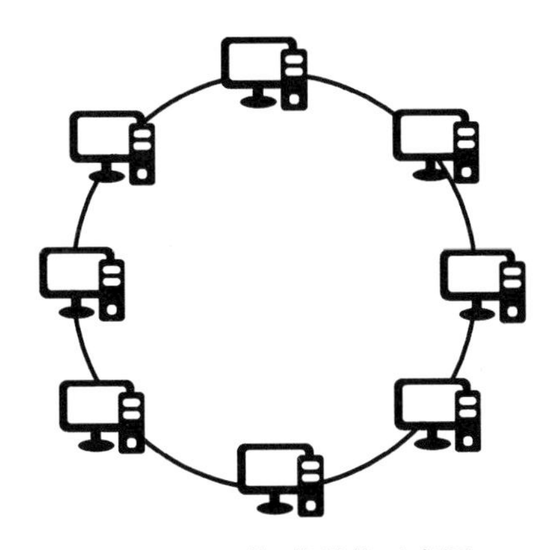

图 1-3　环型拓扑结构示意图

环型结构有两种类型，即单环结构和双环结构。令牌环(Token Ring)是单环结构的典型代表，光纤分布式数据接口(FDDI)是双环结构的典型代表。

环型结构的显著特点是每个节点用户都与两个相邻节点用户相连。

优点：①电缆长度短。环型拓扑网络所需的电缆长度和总线拓扑网络相似，但比星型拓扑结构要短得多。②增加或减少工作站时，仅需简单地连接。③可使用光纤，传输速度很高，适用于环型拓扑的单向传输。④传输信息的时间是固定的，从而便于实时控制。

缺点：①节点过多时，影响传输效率。②环的某处断开会导致整个系统的失效，节点的加入和撤出过程复杂。③检测故障困难。因为环型结构不是集中控制，故障检测需在网络各个节点进行，故障的检测就很不容易。

4. 树型拓扑结构

树型结构是星型结构的扩展，它由根节点和分支节点所构成，如图 1-4 所示。

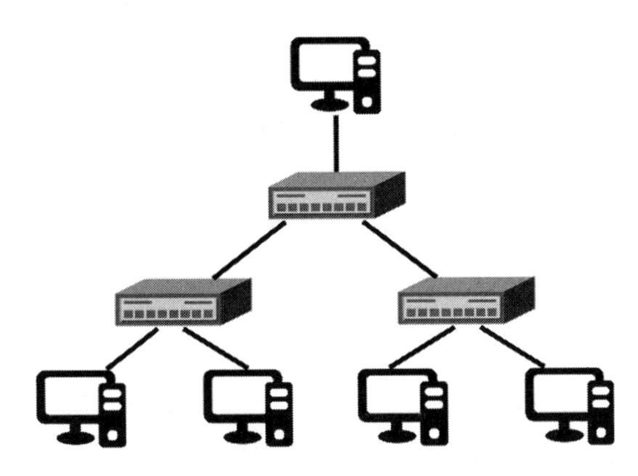

图 1-4　树型拓扑结构示意图

优点：结构比较简单，成本低；扩充节点方便灵活。

缺点：对根节点的依赖性大，一旦根节点出现故障，将导致全网不能工作；电缆成本高。

5. 网状结构

网状结构是指将各网络节点与通信线路连接成不规则的形状，每个节点至少与其他两个节点相连，或者说每个节点至少有两条链路与其他节点相连，如图 1-5 所示。大型互联网一般都采用这种结构，我国的教育科研网 CERNET(见图 1-6)、Internet 的主干网都采用网状结构。

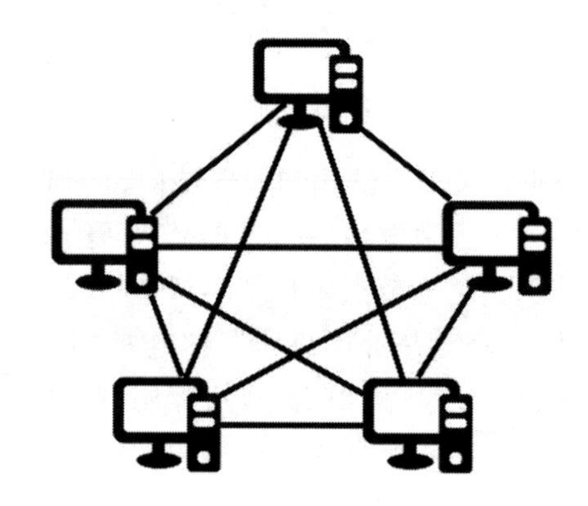

图 1-5　网状拓扑结构示意图

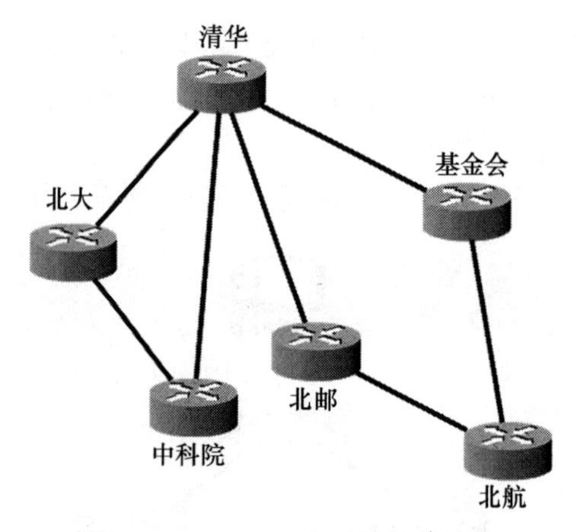

图 1-6　CERNET 主干网拓扑结构

优点：可靠性高；因为有多条路径，所以可以选择最佳路径，减少时延，改善流量分配，提高网络性能，但路径选择比较复杂。

缺点：结构复杂，不易管理和维护；线路成本高；适用于大型广域网。

6. 混合型结构

混合型结构是由以上几种拓扑结构混合而成的。例如，环星型结构是令牌环网和 FDDI 网常用的结构。再如，总线型和星型的混合结构等。

1.3 计算机网络的分类

由于计算机网络自身的特点，其分类方法有多种。根据不同的分类原则，可以得到不同类型的计算机网络。

1.3.1 按覆盖范围分类

按网络所覆盖的地理范围的不同，计算机网络可分为局域网(LAN)、城域网(MAN)、广域网(WAN)。

1. 局域网(Local Area Network，LAN)

局域网是将较小地理区域内的计算机或数据终端设备连接在一起的通信网络。局域网覆盖的地理范围比较小，一般在几十米到几千米之间。它常用于组建一个办公室、一栋楼、一个楼群、一个校园或一个企业的计算机网络。局域网主要用于实现短距离的资源共享。图 1-7 所示为一个由几台计算机和打印机组成的典型局域网。局域网的传输速率非常高。一般而言，局域网属于某一个组织或者团体，如商业机构。

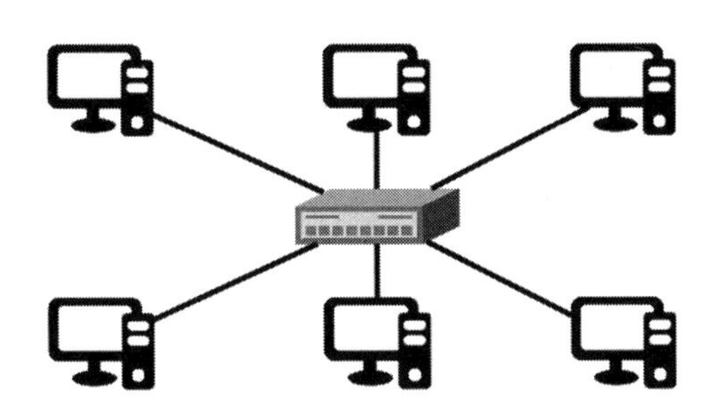

图 1-7　局域网连接示意图

2. 城域网(Metropolitan Area Network，MAN)

城域网是一种大型的 LAN，它的覆盖范围介于局域网和广域网之间，一般为几千米至几万米。城域网的覆盖范围在一个城市内，它将位于一个城市之内不同地点的多个计算机局域网连接起来实现资源共享。城域网所使用的通信设备和网络设备的功能要求比局域网高，以便有效地覆盖整个城市的地理范围。一般在一个大型城市中，城域网可以将多个学校、企事业单位、公司和医院的局域网连接起来共享资源。图 1-8 所示为一个典型的城域网拓扑结构。

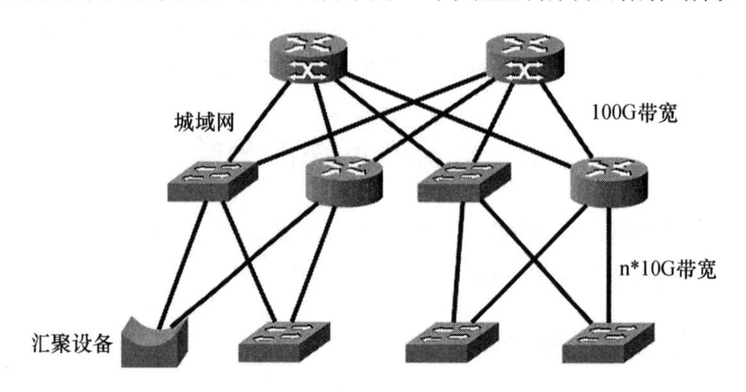

图 1-8　城域网连接示意图

3. 广域网(Wide Area Network，WAN)

广域网是在一个广阔的地理区域内进行数据、语音、图像信息传输的计算机网络。例如，广域网能连接一个大公司散布于数千平方公里内几十个不同地点的办公室或工厂的计算机。另外还必须使大规模网络的性能达到相当水平。由于远距离数据传输的带宽有限，因此广域网的数据传输速率比局域网要慢得多。广域网可以覆盖一个城市、一个国家甚至于全球。因特网(Internet)是广域网的一种，但它不是一种具体独立性的网络，它将同类或不同类的物理网络(局域网、广域网与城域网)互联，并通过高层协议实现不同类网络间的通信。图 1-9 所示为一个简单的广域网。

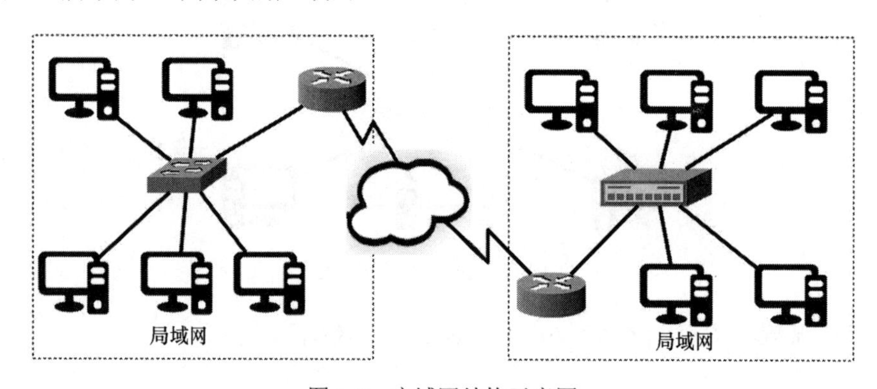

图 1-9　广域网结构示意图

1.3.2　按计算机地位分类

按照网络中计算机所处的地位的不同，可以将计算机网络分为对等网和基于客户机、服务器模式的网络。

1. 对等网

如图 1-10 所示，在对等网中，所有的计算机的地位是平等的，没有专用的服务器。每台计算机既作为服务器，又作为客户机；既为别人提供服务，也从别人那里获得服务。由于对等网没有专用的服务器，所以在管理对等网时，只能分别管理，不能统一管理，管理起来很不方便。对等网一般应用于计算机较少、安全不高的小型局域网。

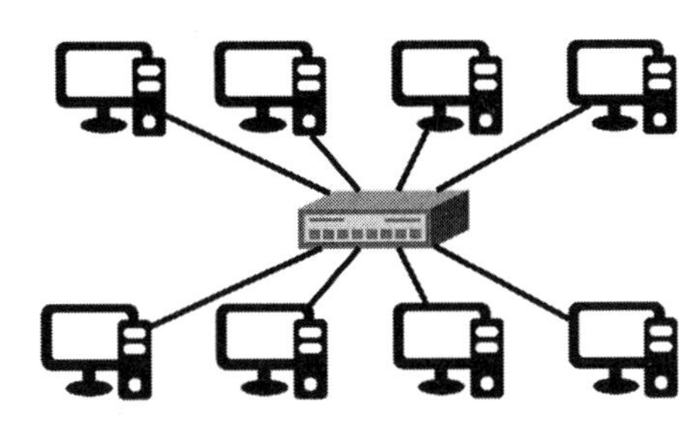

图 1-10　对等网

对等网的安装和维护都非常简单，基本上不需要专门的网络管理人员。每一个用户管理他们自己的资源，他们决定哪一种是否与其他用户共享文件。对等网能够产生一些安全问题。基于性能的考虑，对等网一般规模控制在 10 个节点左右。

2. 基于客户机/服务器模式的网络

在这种网络中，两种角色的计算机，一种是服务器，另一种是客户机，如图 1-11 所示。

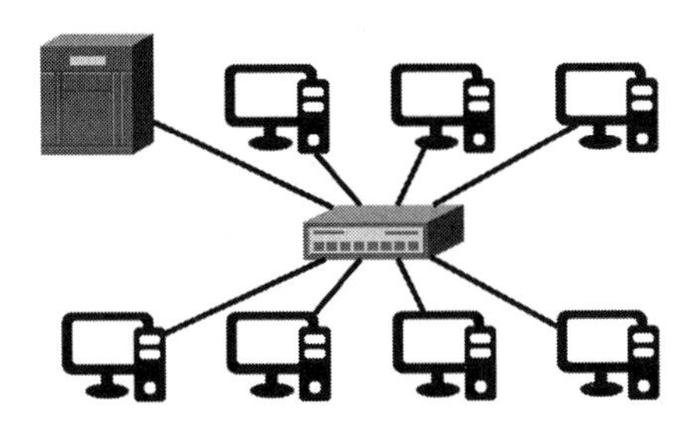

图 1-11　客户机/服务器模式局域网

(1) 服务器对其他计算机服务，一般提供文件共享和打印机服务。服务器负责保存网络的配置信息，也负责为客户机提供各种各样的服务。因为整个网络的关键配置都保存在服务器中，所以管理员在管理网络时只需要修改服务器的配置，就可以实现对整个网络的管理。相比对等网，这种模式更加简单和安全。同时，客户机需要获得某种服务时，会向服务器发送请求，服务器接到请求后，会向客户机提供相应服务。服务器的种类很多，有邮件服务器、Web 服务器、目录服务器等，不同的服务器可以为客户提供不同的服务。在构建网络时，一般选择配置较好的计算机，在其上安装相关服务，它就成了服务器。它一般采用网络操作系统，目前最流行的局域网网络操作系统是微软公司的 Windows 系列。网络上可以有多个服务器。

(2) 客户机主要用于向服务器发送请求，获得相关服务。例如，客户机向打印服务器请求打印服务，向 Web 服务器请求 Web 页面等。

客户机/服务器模式的网络的缺点是服务器的故障将会引起整个网络瘫痪。同时，网络的维护需要专门人员，这将增加网络的运行维护开支。

1.3.3 按传播方式分类

按照传播方式不同，可将计算机网络分为“广播网络”和“点对点网络”两大类。

1. 广播式网络

广播式网络是指网络中的计算机或者设备使用一个共享的通信介质进行数据传播，网络中的所有节点都能收到任意节点发出的数据信息。

目前，在广播式网络中的传输方式有 3 种。

(1) 单播：采用一对一的发送形式将数据发送给网络所有目的节点。

(2) 组播：采用一对一组的发送形式，将数据发送给网络中的某一组主机。

(3) 广播：采用一对所有的发送形式，将数据发送给网络中所有目的节点。

2. 点对点网络(Point-to-Point Network)

点对点式网络是两个节点之间的通信方式是点对点的。如果两台计算机之间没有直接连接的线路，那么它们之间的分组传输就要通过中间节点的接收、存储、转发，直至目的节点。

点对点传播方式主要应用于 WAN 中，通常采用的拓扑结构有星型、环型、树型、网状型。

1.3.4 按传输介质分类

1. 有线网(Wired Network)

(1) 双绞线：其特点是比较经济、安装方便、传输率和抗干扰能力一般，广泛应用于局域网中。

(2) 同轴电缆：俗称细缆，现在逐渐淘汰。

(3) 光纤电缆：特点是光纤传输距离长、传输效率高、抗干扰性强，是高安全性网络的理想选择。

2. 无线网(Wireless Network)

(1) 无线电话网：是一种很有发展前途的连网方式。

(2) 语音广播网：价格低廉、使用方便，但安全性差。

(3) 无线电视网：普及率高，但无法在一个频道上和用户进行实时交互。

(4) 微波通信网：通信保密性和安全性较好。

(5) 卫星通信网：能进行远距离通信，但价格昂贵。

1.3.5 按传输技术分类

计算机网络数据依靠各种通信技术进行传输，根据网络传输技术分类，计算机网络可分为以下 5 种类型。

(1) 普通电信网包括普通电话线网、综合数字电话网、综合业务数字网。

(2) 数字数据网是指利用数字信道提供的永久或半永久性电路以传输数据信号为主的数字传输网络。

(3) 虚拟专用网是指客户基于 DDN 智能化的特点，利用 DDN 的部分网络资源所形成的一种虚拟网络。

(4) 微波扩频通信网是电视传播和企事业单位组建企业内部网和接入 Internet 的一种方法，在移动通信中十分重要。

(5) 卫星通信网是近年发展起来的空中通信网络。与地面通信网络相比，卫星通信网具有许多独特的优点。

事实上，网络类型的划分在实际组网中并不重要，重要的是：①组建的网络系统从功能、速度、操作系统、应用软件等方面能否满足实际工作的需要；②是否能在较长时间内保持相对的先进性；③能否为该部门(系统)带来全新的管理理念、管理方法、社会效益和经济效益等。

1.4 网络连接设备

1.4.1 网卡(网络适配器，NIC)

网卡是连接计算机与网络的基本硬件设备。网卡插在计算机或服务器扩展槽中，通过网线(如双绞线、同轴电缆或光纤)与网络交换数据、共享资源，图 1-12 所示为 NIC 示意图。

由于网卡类型的不同，使用的网卡也有很多种，如以太网、FDDI、AIM、无线网络等，但都必须采用与之相适应的网卡才行。目前，绝大多数网络都是以太网连接形式，使用的便是与之配套的以太网网卡，在这里仅讨论以太网网卡。

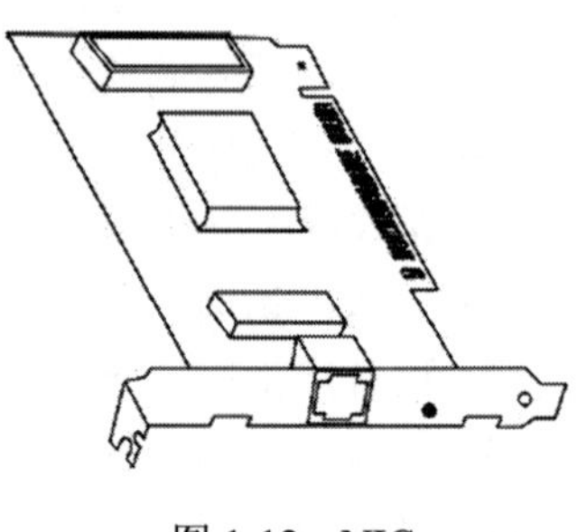

图 1-12　NIC

网卡虽然有多种，它们有一个共同点就是每块网卡都拥有唯一的 ID 号，也称为 MAC 地址(48b)，MAC 地址被烧录在网卡上的 ROM 中，就像每个人的遗传基因 DNA 一样，即使在全世界也绝不会重复。

安装网卡后，还要进行协议的配置，如 IPX/SPX 协议、TCP/IP 协议。

1. 网卡的功能

网卡的功能主要有：一是将计算机的数据进行封装，并通过网线将数据发送到网络上；二是接收网络上传过来的数据，并发送到计算机中。

2. 网卡的分类

按总线分类：ISA 总线、PCI 总线、PCMCIA 总线。

按端口分类：RJ-45 端口、AUI 粗缆端口、BNC 细缆端口。

3. 按带宽分类

带宽分为 10Mb/s、1000Mb/s、10/100Mb/s、1000Mb/s 等。

ISA 网卡以 16b 传送数据，标称速度能够达到 10M。PCI 网卡以 32b 传送数据，速度较快。目前市面上大多是 10M 和 100M 的 PCI 网卡。建议不要购买过时的 ISA 网卡，除非用户的计算机没有 PCI 插槽。

1.4.2 网络传输介质

传输介质就是通信中实际传送信息的载体，在网络中是连接收发双方的物理通路。常用的传输介质分为有线介质和无线介质。其中：有线介质可传输模拟信号和数字信号(如双绞线、细/粗同轴电缆、光纤)；无线介质大多传输数字信号(如微波、卫星通信、无线电波、红外、激光等)。

1. 同轴电缆

同轴电缆的核心部分是一根导线，导线外有一层起绝缘作用的塑性材料，再包上一层金属网，用于屏蔽外界的干扰，最外面是起保护作用的塑性外套，如图 1-13 所示。

同轴电缆的抗干扰特性强于双绞线，传输速率与双绞线类似，但它的价格接近双绞线的两倍。

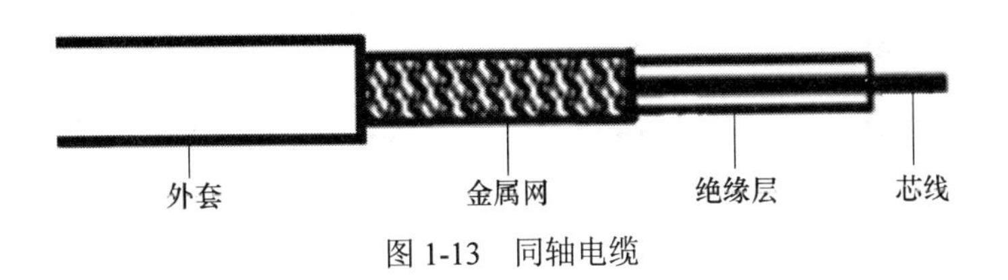

图 1-13　同轴电缆

同轴电缆主要分为：

(1) 细同轴电缆(RG58)，主要用于建筑物内网络连接；

(2) 粗同轴电缆(RG11)，主要用于主干或建筑物间网络连接。

两种电缆的对比如表 1-1 所列。

表 1-1　粗缆和细览的对比

对比项	细同轴电缆	粗同轴电缆
直径	0.25 英寸	0.5 英寸
传输距离	185m	500m
接头	BNC 头、T 型头	AUI
阻抗	50Ω	50Ω
应用的局域网	10BASE2	10BASE5

2. 双绞线

双绞线是两条相互绝缘的导线按一定距离绞合若干次，使得外部的电磁干扰降到最低限度，以保护信息和数据。

双绞线的广泛应用比同轴电缆要迟得多，但由于它提供了更高的性能价格比，而且组网方便，成为现在应用最广泛的铜基传输媒体。双绞线的缺点是传输距离受限。

双绞线分为两种：非屏蔽双绞线(UTP)，如图 1-14 所示；屏蔽双绞线(STP)，如图 1-15 所示。屏蔽双绞线外护套加金属材料，减少辐射，防止信息窃听，性能优于非屏蔽双绞线，但价格较高，而且安装比非屏蔽双绞线复杂。所以，在组建局域网时通常使用非屏蔽双绞线。但如果是室外使用，屏蔽线要好些。

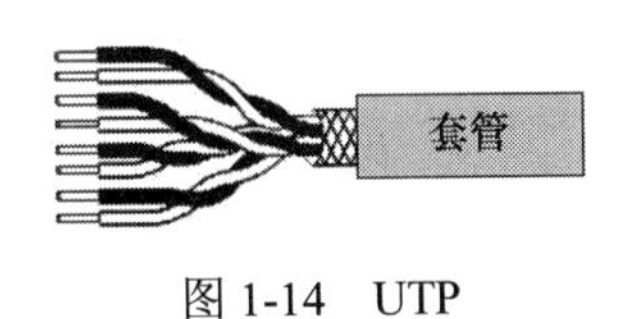

图 1-14　UTP

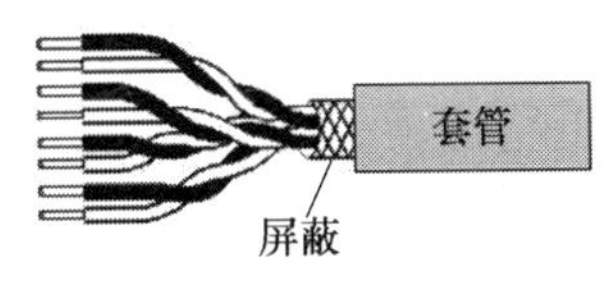

图 1-15　STP

目前共有 6 类双绞线，各类双绞线均为 8 芯电缆，双绞线的类型由单位长度内的绞环数确定。其中：

1类双绞线通常在不在局域网中使用，主要用于模拟话音，传统的电话线即为1类线；

2 类双绞线支持 4Mb/s 传输速率，在局域网中很少使用；

3 类双绞线用于 10Mb/s 以太网；

4 类双绞线适用于 16Mb/s 令牌环局域网；

5 类和超 5 类双绞线带宽可达 100Mb/s，用于构建 100Mb/s 以太网，是目前最常用的线缆；

另外还有 6 类、7 类，能提供更高的传输速率和更远的距离。

应用最广的是 5 类双绞线，最大传输率为 100Mb/s，最大传输距离 100m。

在制作网络时，要用 RJ-45 接头——俗称“水晶头”的接头，在将网络插入水晶头前，要对每条线排序。根据 EIA/TIA 接线标准，RJ-45 接口制作有两种排序标准。其中：EIA/TIA568A 标准的线序为白绿、绿、白橙、蓝、白蓝、橙、棕、白棕；EIA/TIA568B 白棕的线序为白橙、橙、白绿、蓝、白蓝、绿、白棕、棕。

另外，根据双绞线两端线序的不同，有两种不同的连接方法。

(1) 直线连接法。直线连接法是将电缆的一端按一定顺序排序后接入 RJ-45 接头，线缆的另一端也用相同的顺序排序后接入 RJ-45 接头。直接连接法通常用于不同类型的设备的互相连接，如图 1-16 所示。

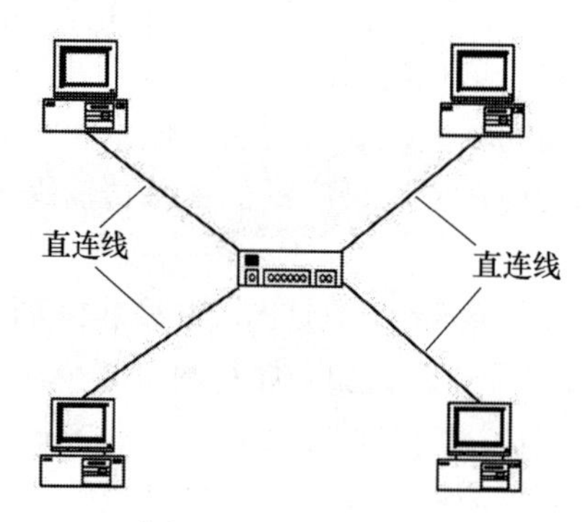

图 1-16　直线连接法

(2) 交叉连接法。交叉连接法是线缆的一端用一种线序排列，如 T568B 标准线序，而另一端用不同的线序，如 T568A 标准线序，这种线序用于连接同种设备，如图 1-17 所示。

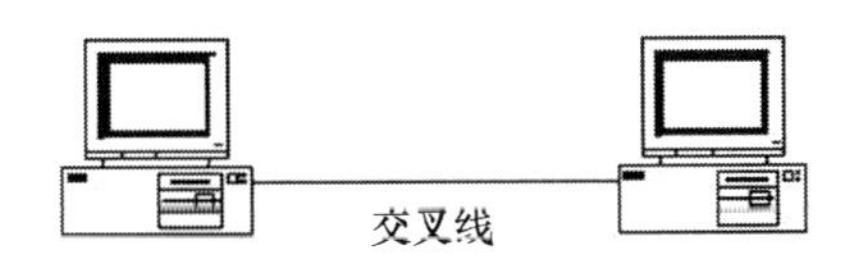

图 1-17　交叉线连接法

3. 光纤

光纤则是由一组光导纤维组成的用来传播光束的、细小而柔韧的传输介质。与其他传输介质相比较，光纤的电磁绝缘性能好，信号衰变小，频带较宽，传输距离较大。光纤主要是在要求传输距离较长、布线条件特殊的情况下用于主干网的连接。光纤通信由光发送机产生光束，将电信号转变为光信号，再把光信号导入光纤，在光纤的另一端由光接收机接收光纤上传输来的光信号，并将它转变成电信号，经解码后再处理。光纤的最大传输距离远、传输速度快，是局域网中传输介质的佼佼者。

光纤是数据传输中最有效的一种传输介质。它有以下几个优点：①频带极宽(GB)；②抗干扰性强(无辐射)；③保密性强(防窃听)；④传输距离长(无衰减)，即 2～10km；⑤电磁绝缘性能好；⑥中继器的间隔较大。

光纤的主要用途包括长距离传输信号、局域网主干部分、传输宽带信号。网络距离一般为 2000m。每干线最大节点数无限制。

在 1000M 局域网中，服务器网卡具有光纤插口，交换机也有相应的光纤插口，连接时只要将光纤跳线进行相应的连接即可。在没有专用仪器的情况下，可通过观察让交换机有光亮的一端连接网卡没有光亮的一端，让交换机没有光亮的一端连接网卡有光亮的一端。

光纤通信系统是以光波为载体、光导纤维为传输介质的通信方式，起主导作用的是光源、光纤、光发送机和光接收机。

光纤按传输点模数可分为多模光纤和单模光纤两类，如图 1-18 所示；按折射率分布又可分为跳变式光纤和渐变式光纤两类。

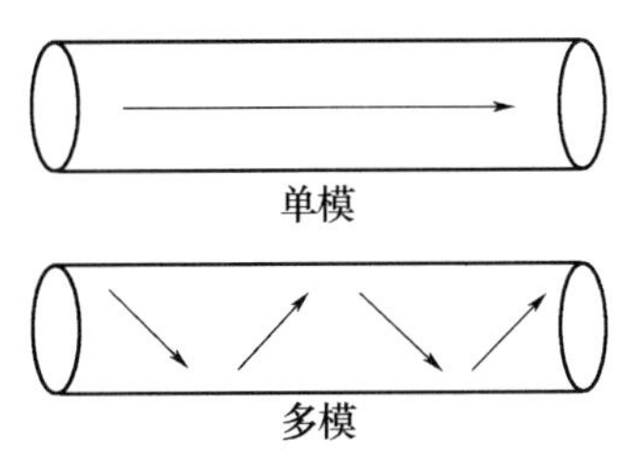

图 1-18　单模和多模光纤

(1) 多模光纤：由发光二极管产生用于传输的光脉冲，通过内部的多次反射沿芯线传输。可以存在多条不同入射角的光线在一条光纤中传输。

(2) 单模光纤：使用激光，光线与芯轴平行，损耗小，传输距离远，具有很高的带宽，但价格更高。在 2.5Gb/s 的高速率下，单模光纤不必采用中继器可传输数十公里。

4. 无线传输介质

无线传输是指在空间中采用无线频段、红外线激光等进行传输，不需要使用线缆传输，不受固定位置的限制，可以全方位实现三维立体通信和移动通信。

目前主要用于通信的有无线电波、微波、红外、激光。

计算机网络系统中的无线通信主要指微波通信，它分为两种形式，即地面微波通信和卫星微波通信。

无线局域网通常采用无线电波和红外线作为传输介质。其中：红外线的基本速率为 1MB/s，仅适用于近距离的无线传输，而且有很强的方向性；而无线电波的覆盖范围较广，应用较广泛，是常用的无线传输媒体。我国一般使用 2.4～2.4835GHz 频段的无线电波进行局域网的光纤通信。

1.4.3 网络设备

1. 集线器(HUB)

集线器是目前使用较广泛的网络设备之一，主要用来组建星型拓扑的网络。在网络中，集线器是一个集中点，通过众多的端口将网络中的计算机连接起来，使不同计算机能够相互通信。集线器工作在 OSI 网络模型的第一层，它仅仅将一台计算机的信号向连接的所有计算机进行重复。集线器也被称为多端口中继器。集线器是一个非常简单的设备，它不能够理解任何形式的网络地址，一个典型的集线器如图 1-19 所示。

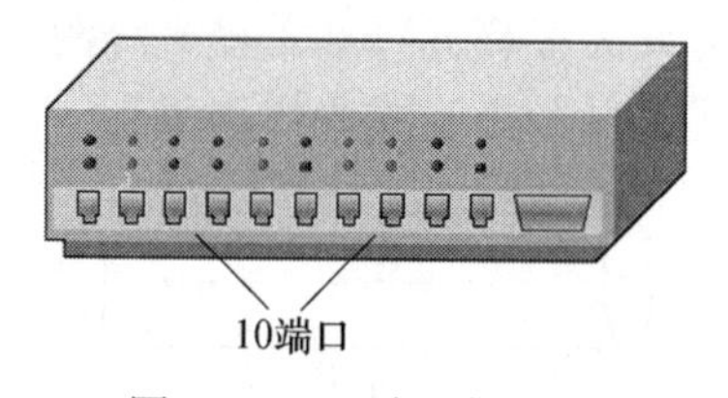

图 1-19　10 端口集线器

1) 集线器的通信特性

集线器的基本功能是信息分发，它将一个端口收到的信号转发给其他所有端口。同时，集线器的所有端口共享集线器的带宽。当一台 10Mb/s 带宽的集线器上只连接一台计算机时，此计算机的带宽是10Mb/s；而连接两台计算机时，每台计算机的带宽是5Mb/s；连接10计算机时，每台计算机的带宽则是1Mb/s。用集线器组网时，连接的计算机越多，网络速度越慢。

2) 集线器的分类

按通信特性分，集线器分为无源集线器和有源集线器。无源集线器只能转发信号，不能对信号做任何处理。有源集线器会对所传输的信号进行整形、放大并转发，并可以扩展传输媒体的传输距离。目前市面上的集线器属于有源集线器，无源集线器已被淘汰。

按带宽分，集线器分为10Mb/s、10/100Mb/s、100Mb/s集线器。通常选择10/100Mb/s自适应的集线器。因为这种集线器可以根椐网卡和网线所提供的带宽而自动调整带宽。当网线和网卡为10Mb/s时，集线器以10Mb/s的速率通信。当网线与网卡达到100Mb/s时，集线器则以100Mb/s的速率通信。

按端口个数分，集线器分为4口、8口、16口、24口等。

3) 集线器的连接

集线器通过其端口实现网络连接。集线器主要有RJ-45接口和级联口两种接口。

(1) RJ-45接口：集线器的大部分接口属于这种接口，主要用于连接网络中的计算机，从而组建计算机网络。

(2) 级联口：级联口主要用于连接其他集线器或网络设备。在组网时，集线器的端口数量不够，可以通过级联口将两个或多个集线器级联起来，达到拓展端口的目的。级联口一般标有“UPLINK”或“MDI”等标志。在级联时，可以通过直连接线将集线器的级联口与另一台集线器的RJ-45接口连接起来，从而组建更大的网络。

2. 交换机(Switch)

除了集线器，更常用的做法是使用OSI模型的2层交换机。交换机能够理解OSI2层地址，如以太网地址。交换机是目前使用较广泛的网络设备之一。从外观上看，交换机与集线器几乎一样，其端口与连接方式和集线器几乎也是一样，但是由于交换机采用了交换技术，其性能优于集线器，交换机如图1-20所示。

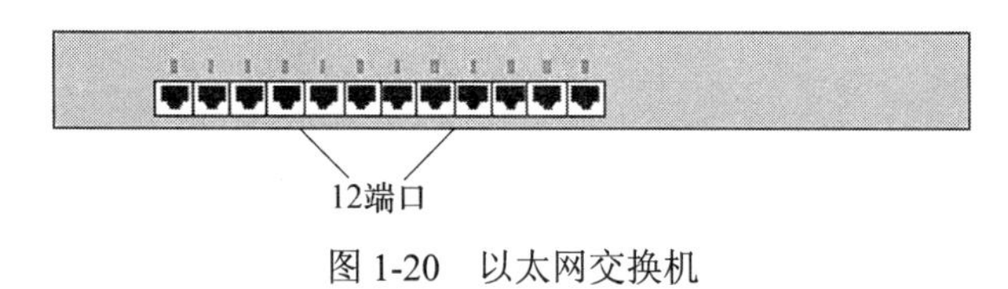

图1-20　以太网交换机

1) 交换机的通信特性

由于交换机采用交换技术，使其可以并行通信而不像集线器那样平均分配带宽。例如，一台 100Mb/s 交换机的每端口都是 100Mb/s，互连的每台计算机均以 100Mb/s 的速率通信，而不像集线器那样平均分配带宽，这使交换机能够提供更佳的通信性能。

2) 交换机的分类

按交换机所支持的速率和技术类型，交换机可分为以太网交换机、千兆位以太网交换机、ATM 交换机、FDDI 交换机等。

按交换机的应用场合，交换机可分为工作组级交换机、部门级交换机和企业级交换机三种类型。

(1) 工作组级交换机是最常用的一种交换机，主要用于小型局域网的组建，如办公室局域网、小型机房、家庭局域网等。这类交换机的端口一般为 10/100Mb/s 自适应端口。

(2) 部门级交换机常用来作为扩充设备，当工作组级交换机不能满足要求时可考虑使用部门级交换机。这类交换机只有较少的端口，但支持更多的 MAC 地址。端口传输速率一般为 100Mb/s。

(3) 企业级交换机用于大型网络，且一般作为网络的骨干交换机。企业级交换机一般具有高速交换能力，并且能实现一些特殊功能。

3) 交换机的连接

像集线器一样，交换机的接口也分为 RJ-45 接口和级联口，其中：RJ-45 接口用于连接计算机；级联口用于连接其他交换机或集线器。连接方式也与集线器相同。

4) 交换机工作原理

当交换机从某一节点收到一个以太网帧后，将立即在其内存中的地址表(端口号－MAC 地址)进行查找，以确认该目的 MAC 的网卡连接在哪一个接口上，然后将该帧转发至相应的接口。如果在地址表中没有找到该 MAC 地址，也就是说，该目的 MAC 地址是首次出现，交换机就将数据包广播到所有节点。拥有该 MAC 地址的网卡在接收到该广播帧后，将立即做出应答，从而使交换机将其节点的“MAC 地址”添加到 MAC 地址表中。交换机的主要功能包括物理编址、网络拓扑结构、错误校验、帧序列以及流量控制。

MAC(Media Access Control)地址，或称为 MAC 位址、硬件位址，用来定义网络设备的位置。在 OSI 模型中，第三层网络层负责 IP 地址，第二层数据链接层则负责 MAC 位址。因此，一个主机会有一个 IP 地址，而每个网络位置会有一个专属于它的 MAC 位址。

3. 路由器(Router)

路由器并不是组建局域网所必需的设备，但随着企业网规模的不断扩大和企业网接入互联网的需求，使路由器的使用率越来越高，如图 1-21 所示。

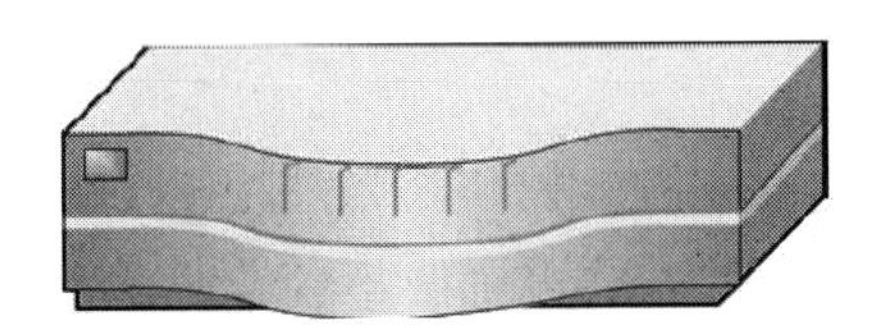

图 1-21　路由器

路由器是工作在网络层的设备，主要用于不同类型的网络的互联。概括起来，路由器的功能主要体现在以下几个方面。

(1) 路由功能。所谓路由，即信息传输路径的选择。当使用路由器将不同网络连接起来后，路由器可以在不同网络间选择最佳的信息传输路径，从而使信息更快地传输到目的地。事实上，互联网就是通过众多的路由器将世界各地的不同网络互联起来的，路由器在互联网中选择路径并转发信息，使世界各地的网络可以共享网络资源。

(2) 隔离广播、划分子网。当组建的网络规模较大时，同一网络中的主机台数过多，会产生过多的广播流量，从而使网络性能下降。为了提高性能，减少广播流量，可以通过路由器将网络分隔为不同的子网。路由器可以在网络间隔离广播，使一个子网的广播不会转发到另一子网，从而提高每个子网的性能。当一个网络因流量过大而性能下降时，可以考虑使用路由器来划分子网。

(3) 广域网接入。当一个较大的网络要访问互联网并要求有较高带宽时，通常采用专线接入的方式，一些大型网吧、校园网、企业网等往往采用这种接入方法。当通过专线使局域网接入互联网时，则需要用路由器实现接入。

路由器的接口主要有串口、以太口和 CONSOLE 口等。通常，串口连接广域网；以太口连接局域网；而 CONSOLE 口用于连接计算机或终端，配置路由器。

4. 调制解调器(Modem)

调制解调器(Modem，俗称“猫”)的功能就是将计算机中表示数据的数字信号在模拟电话线上传输，从而达到数据通信的目的，主要由调制和解调两部分功能构成。调制是将数字信号转换成适合于在电话线上传输的模拟信号进行传输；解调则是将电话线上的模拟信号转换成数字信号，由计算机接收并处理，如图 1-22 所示。

图 1-22　调制解调器工作原理

1) 分类

一般来说，根据 Modem 的形态和安装方式，可以大致可以分为以下 4 类。

(1) 外置式 Modem。外置式 Modem 放置于机箱外，通过串行通信口与主机连接。这种 Modem 方便灵巧、易于安装，闪烁的指示灯便于监视 Modem 的工作状况。但外置式 Modem 需要使用额外的电源与电缆。

(2) 内置式 Modem。内置式 Modem 在安装时需要拆开机箱，并且要对终端和 COM 口进行设置，安装较为繁琐。这种 Modem 要占用主板上的扩展槽，但无需额外的电源与电缆，且价格比外置式 Modem 要便宜一些。

(3) PCMCIA 插卡式 Modem。插卡式 Modem 主要用于笔记本电脑，体积纤巧，配合移动电话，可方便地实现移动办公。

(4) 机架式 Modem。机架式 Modem 相当于把一组 Modem 集中于一个箱体或外壳里，并由统一的电源进行供电。机架式 Modem 主要用于 Internet/Intranet、电信局、校园网、金融机构等网络的中心机房。

除以上 4 种常见的 Modem 外，现在还有 ISDN 调制解调器和一种称为 Cable Modem 的调制解调器，另外还有一种 ADSL 调制解调器。Cable Modem 利用有线电视的电缆进行信号传送，不但具有调制解调功能，还集路由器、集线器、桥接器于一身，理论传输速度更可达 10Mb/s 以上。通过 Cable Modem 上网，每个用户都有独立的 IP 地址，相当于拥有了一条个人专线。

USB 技术的出现，给计算机的外围设备提供更快的速度、更简单的连接方法，SHARK 公司率先推出了 USB 接口的 56k 的调制解调器，这个只有呼机大小的调制解调器给传统的串口调制解调器带来了挑战。只需将其接在主机的 USB 接口就可以，通常主机上有 2 个 USB 接口，而 USB 接口可连接 127 个设备，如果要连接多设备还可购买 USB 的集线器。通常 USB 的显示器、打印机都可以当作 USB 的集线器，因为它们有除了连接主机的 USB 接口外，还提供 1～2 个 USB 的接口。

2) 传输模式

Modem 最初只是用于数据传输。然而，随着用户需求的不断增长以及厂商之间的激烈竞争，目前市场上越来越多地出现了一些“二合一”、“三合一”的 Modem。这些 Modem 除了可以进行数据传输以外，还具有传真和语音传输功能。

(1) 传真模式(Fax Modem)。

通过 Modem 进行传真，除省下一台专用传真的费用外，好处还有很多，包括：可以直接把计算机内的文件传真到对方的计算机或传真机，而无需先把文件打印出来；可以对接收到的传真方便地进行保存或编辑；可以克服普通传真机由于使用热敏纸而造成字迹逐渐消退的问题；由于 Modem 使用了纠错的技术，传真质量比普通传真机要好，尤其是对于图形的传真更是如此。目前的 Fax Modem 大多遵循 V.29 和 V.17 传真协议。其中：V.29 支持 9600b/s 传真速率；而 V.17 则可支持 14400b/s 的传真速率。

(2) 语音模式(Voice Modem)。

语音模式主要提供了电话录音留言和全双工免提通话功能，真正使电话与计算机融为一体。这里，主要是一种新的语音传输模式——DSVD(Digital Simultaneous Voice and Data)。DSVD 是由美国 Intel 等公司在 1995 年提出的一项语音传输标准，是现有的 V.42 纠错协议的扩充。DSVD 通过采用 Digi Talk 的数字式语音与数据同传技术，使 Modem 可以在普通电话线上一边进行数据传输一边进行通话

DSVD Modem 保留了 8k 的带宽(也有的 Modem 保留 8.5k 的带宽)用于语音传送，其余的带宽则用于数据传输。语音在传输前会先进行压缩，然后与需要传送的数据综合在一起，通过电话载波传送到对方用户。在接收端，Modem 先把语音与数据分离开来，再把语音信号进行解压和数/模转换，从而实现数据/语音的同传。DSVD Modem 在远程教学、协同工作、网络游戏等方面有着广泛的应用前景。但在目前，由于 DSVD Modem 的价格比普通的 Voice Modem 要贵，而且要实现数据/语音同传功能时，需要对方也使用 DSVD Modem，从而在一定程度上阻碍了 DSVD Modem 的普及。

3) 传输速率

Modem 的传输速率，是指 Modem 每秒传送的数据量大小。通常所说的 14.4k、28.8k、33.6k 等，就是指 Modem 的传输速率。传输速率以比特/秒为单位。因此，一台 33.6k 的 Modem 每秒可以传输 33600b 的数据。由于目前的 Modem 在传输时都对数据进行了压缩，因此 33.6k 的 Modem 的数据吞吐量理论上可以达到 115200b/s，甚至 230400b/s。

Modem 的传输速率，实际上是由 Modem 所支持的调制协议所决定的。在 Modem 的包装盒或说明书上看到的 V.32、V.32bis、V.34、V.34+、V.fc 等，就是指 Modem 所采用的调制协议。其中：V.32 是非同步/同步 4800/9600b/s 全双工标准协议；V.32bis 是 V.32 的增强版，支持 14400b/s 的传输速率；V.34 是同步 28800b/s 全双工标准协议；而 V.34+则为同步全双工 33600b/s 标准协议。以

上标准都是由国际电信联盟(ITU)所制定，而 V.fc 则是由美国 Rockwell 公司提出的 28800b/s 调制协议，但并未得到广泛支持。

提到 Modem 的传输速率，就不能不提时下被炒得为热的 56k Modem。其实，56k 的标准已提出多年，但由于长期以来一直存在以 Rockwell 为首的 K56flex 和以 U.S.Robotics 为首 X2 的两种互不兼容的标准，使得 56k Modem 迟迟得不到普及。1998 年 2 月，在 ITU 的努力下，56k 的标准终于统一为 ITU V9.0，众多的 Modem 生产厂商亦已纷纷出台了升级措施，而真正支持 V9.0 的 Modem 亦已经遍地开花。56k 有望在一到两年内成为市场的主流。由于目前国内许多 ISP 并未提供 56k 的接入服务，因此在购买 56k Modem 前，最好先向服务商打听清楚，以免造成浪费。

以上所讲的传输速率，均是在理想状况的得出的。而在实际使用过程中，Modem 的速率往往不能达到标称值。实际的传输速率主要取决于以下几个因素。

(1) 电话线路的质量。

调制后的信号是经由电话线进行传送，如果电话线路质量不佳，Modem 将会降低速率以保证准确率。为此，在连接 Modem 时，要尽量减少连线长度，多余的连线要剪去，切勿绕成一圈堆放。另外，最好不要使用分机，连线也应避免在电视机等干扰源上经过。

(2) 足够的带宽。

如果在同一时间上网的人数很多，就会造成线路的拥挤和阻塞，Modem 的传输速率自然也会随之下降。因此，ISP 是否能供足够的带宽非常关键。另外，避免在繁忙时段上网也是一个解决方法。尤其是在下载文件时，在繁忙时段与非繁忙时段下载所费的时间会相差几倍。

(3) 对方的 Modem 协议。

Modem 所支持的调制协议是向下兼容的，实际的连接速率取决于速率较低的一方。因此，如果对方的 Modem 是 14.4k 的，即使用的是 56k 的 Modem，也只能以 14400b/s 的速率进行连接。

4) 传输协议

Modem 的传输协议包括调制协议(Modulation Protocols)、差错控制协议(Error Control Protocols)、数据压缩协议(Data Compression Protocols)和文件传输协议。调制协议前面已经介绍，现在介绍其余的三种传输协议。

(1) 差错控制协议。

随着 Modem 的传输速率不断提高，电话线路上的噪声、电流的异常突变等，都会造成数据传输的出错。差错控制协议要解决的就是如何在高速传输中保证数据的准确率。目前的差错控制协议包括两个工业标准：MNP4 和 V4.2。MNP(Microcom Network Protocols)是 Microcom 公司制定的传输协议，包括了 MNP1～MNP10。由于商业原因，Microcom 目前只公布了 MNP1～MNP5，其中 MNP4 是目前被广泛使用的差错控制协议之一。而 V4.2 则是 ITU 制定的 MNP4 改良版，它包含了 MNP4 和 LAP-M 两种控制算法。因此，一个使用 V4.2 协议的 Modem 可以和一个只支持 MNP4 协议的 Modem 建立无差错控制连接，而反之则不能。所以在购买 Modem 时，最好选择支持 V4.2 协议的 Modem。

另外，市面上某些廉价 Modem 卡为降低成本，并不具备硬纠错功能，而是使用了软件纠错方式。购买时要注意分清，不要为包装盒上的“带纠错功能”等字眼所迷惑。

(2) 数据压缩协议。

为了提高数据的传输量，缩短传输时间，现在大多数 Modem 在传输时都会先对数据进行压缩。与差错控制协议相似，数据压缩协议也存在两个工业标准：MNP5 和 V4.2bis。MNP5 采用了 Run-Length 编码和 Huffman 编码两种压缩算法，最大压缩比为 2∶1。而 V4.2bis 采用了 Lempel-Ziv 压缩技术，最大压缩比可达 4∶1。这就是 V4.2bis 比 MNP5 要快的原因。要注意的是，数据压缩协议是建立在差错控制协议的基础上，MNP5 需要 MNP4 的支持，V4.2bis 也需要 V4.2 的支持。虽然 V4.2 包含了 MNP4，但 V4.2bis 却不包含 MNP5。

(3) 文件传输协议。

文件传输是数据交换的主要形式。在进行文件传输时，为使文件能被正确识别和传送，需要在两台计算机之间建立统一的传输协议。这个协议包括了文件的识别、传送的起止时间、错误的判断与纠正等内容。常见的传输协议有以下几种。

(1) ASCII。这是最快的传输协议，但只能传送文本文件。

(2) Xmodem。这种古老的传输协议速度较慢，但由于使用了 CRC 错误侦测方法，传输的准确率可高达 99.6%。

(3) Ymodem。这是 Xmodem 的改良版，使用了 1024 位区段传送，速度比 Xmodem 要快。

(4) Zmodem。Zmodem 采用了串流式(Streaming)传输方式，传输速度较快，而且还具有自动改变区段大小和断点续传、快速错误侦测等功能。这是目前最流行的文件传输协议。

除以上几种外，还有 Imodem、Jmodem、Bimodem、Kermit、Lynx 等协议。

1.5 网络通信协议

1.5.1 IP 协议

1. IPv4 地址

如果 2 台计算机需要进行通信，就必须需要一种办法能够区分并且找到对方。由 1.4 节可知，以太网地址有 48b，可以表示生产厂家和唯一的识别。不分层的 MAC 地址用于第二层的网络协议，如以太网，而工作在 OSI 第三层的 IP 地址是分层的，它是由网络号和主机号共同组成。网络号用于识别连接到主机的网络的地址；主机号用于区分连接在这个网络上的主机。TCP/IP 网络上的每一台计算机必须有一个 IP 地址。

IP 地址是一个 32b 二进制数。为了便于人们识别，通常将每段转换为十进制数。例如，10000011.01101011.00010000.11001000 转换格式后为 130.107.16.200。这种格式是在计算机中所配置的 IP 地址的格式。

为了更好地管理和使用 IP 地址，INTERNIC 根据网络规模的大小将 IP 地址分为 5 类(ABCDE)，如图 1-23 所示。

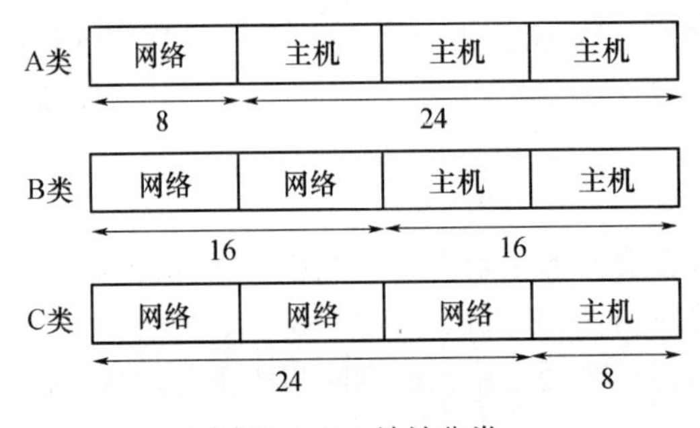

图 1-23　IP 地址分类

(1) A 类地址。第一组数(前 8b)表示网络号，且最高位为 0，有 7b 可以表示网络号，能够表示的网络号有 $2^7-2=126$ (去掉全“0”和全“1”的两个地址)，范围是 1.0.0.0～126.0.0.0。后三组数(24b)表示主机号，能够表示的主机号的个数是 $2^{24}-2=16777214$，即 A 类的网络中可容纳 16777214 台主机。A 类地址只分配给超大型网络。

(2) B 类地址。前两组数(前 16b)表示网络号，后两组数(16b)表示主机号。且最高位为 10，能够表示的网络号为 $2^{14}-2=16384$，范围是 128.0.0.0～191.255.0.0。B 类网络可以容纳的主机数为 $2^{16}-2=65534$ 台主机。B 类 IP 地址通常用于中等规模的网络。

(3) C 类地址。前三组表示网络号，最后一组数表示主机号，且最高位为110，最大网络数为 $2^{21}=2097152$，范围是 192.0.0.0～223.255.255.0，可以容纳的主机数为 $2^8-2=254$ 台主机。C 类 IP 地址通常用于小型的网络。表 1-2 为 A～C 网络地址范围。

表 1-2　网络地址范围

Class	Address range(decimal)	Address range (binary)
A	1～126	00000001～01111110
B	128～191	10000000～10111111
C	192～223	11000000～11011111

(4) D 类地址。最高位为 1110，是多播地址。

(5) E 类地址。最高位为 11110，保留在今后使用。

注意：在网络中只能为计算机配置 A、B、C 三类 IP 地址，而不能配置 D 类、E 类两类地址。

2. 预留地址

某一网段的 IP 地址是不能够使用的。首先网络地址不能够当作主机地址使用，因为网络地址标识的是一个网段。例如，思考图 1-24 所示的网络，如果 LAN A 外的任意一个计算机要发送数据到 LAN A 中的一台计算机，这台计算机首先将看成 194.216.4.0。具体的 IP 地址只有当数据到达 LAN A 后才能被使用。或者说，只有与这个网段之间连接的路由器才知道具体详细；其他的路由器并不会知道某一台计算机具体的 IP。LAN B 的情况也是如此。

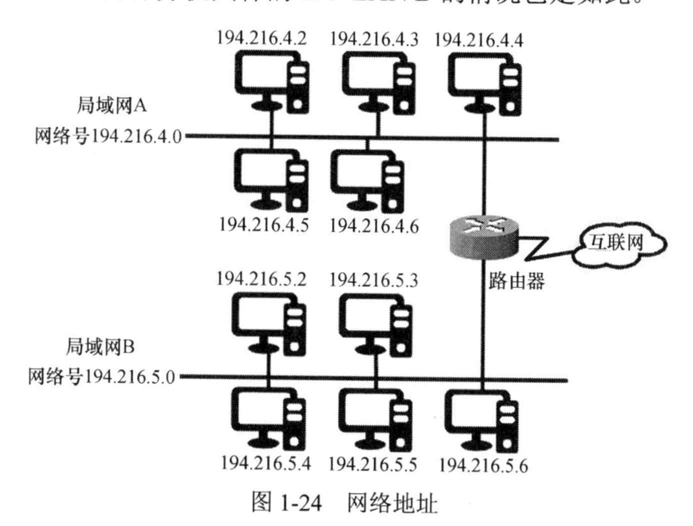

图 1-24　网络地址

注意，路由器与 LAN A 连接的接口地址完全属于 A 网段，路由器与 LAN B 连接的接口地址完全属于 B 网段，而路由器与 WAN 连接的接口地址与这两个网段完全不同。

广播地址也不能够用作主机地址。图 1-25 举例说明了这一点。地址 194.216.4.255 将会涉及到连接到 LAN A 上的所有计算机。如果一个数据发送到广播地址上，它将会到达这个网段上的所有主机。广播是指一台计算机发送数据到所有这个网段上的其他计算机。在二进制表示下，广播地址的主机部分全部为 1。例如，对于局域网 A 来说，广播地址的二进制表示为 11000010.11011000.00000100.11111111。

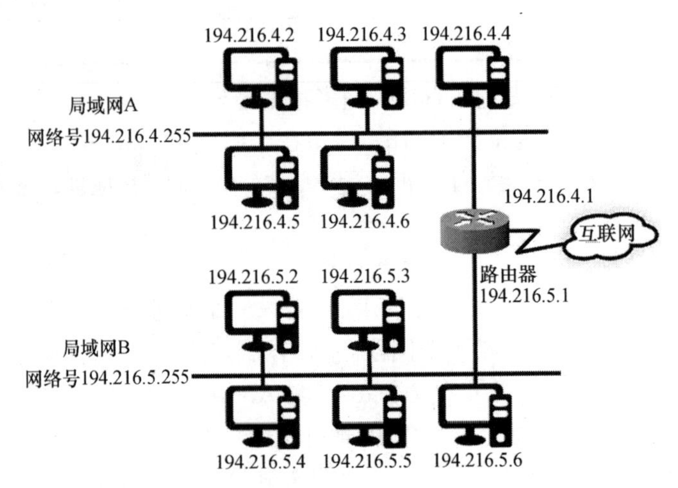

图 1-25 广播地址

3. 地址解析协议

数据包需要同时具备 IP 地址和 MAC 地址才能到达它的目的地。发送数据包的网络设备也需要同时知道 IP 地址和它对应的 MAC 地址。网络设备需要知道在它的网段内的 IP 地址与 MAC 地址对应的地址解析协议(Address Resolution Protocol，ARP)表，以达到发送数据的目的。ARP 表在 RAM 中保存，网络设备发送数据时，首先从 ARP 表请求 IP 和 MAC 地址。表 1-3 为一张典型的 ARP 表。

表 1-3 ARP 表

互联网地址	物理地址
192.168.0.1	00-02-4a-8c-6c-00
192.168.0.6	00-06-5b-fl-c6-7e
192.168.0.7	00-02-44-37-60-fa

有两种方式建立 ARP 表。网络设备分析已经发送出去的数据的以太网的帧，检测是否有数据已经发送到了目的地。这种情况下，发送方将已发送的信息写入发送数据中。如果没有已发送的数据，网络设备将广播 ARP 请求。

ARP 请求是一种广播。请求数据包含了发送方的硬件以太网网址和 IP 地址，以及接收方的 IP 地址。网络上所有的设备都会在收到请求后检测包内的目标 IP 地址，如果目标 IP 地址和本机一致，它将会回应一个具有本机以太网 MAC 地址的数据包到发送端，请求过程如图 1-26 所示。接收方收到回应后，将 MAC 地址和 IP 地址重新写入要发送的数据包，然后将数据包发送到网络上。

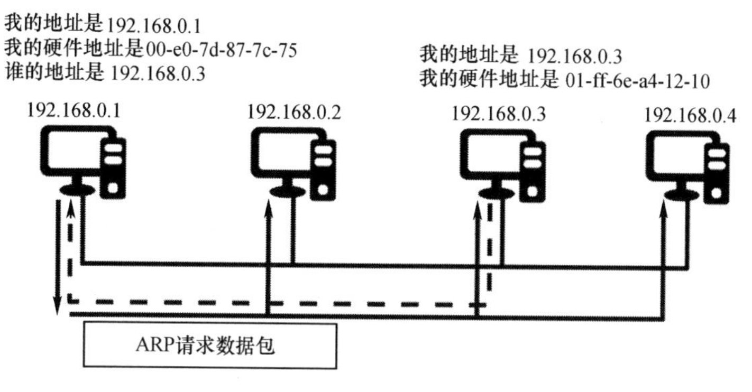

图 1-26　ARP 请求的过程

4. 分片

当一个 IP 数据报抵达一台数据链路层的网络设备时，接收者提取出数据报，去掉帧头部信息。互联网是由不同的数据链路连接起来的，图 1-27 说明 IP 数据报

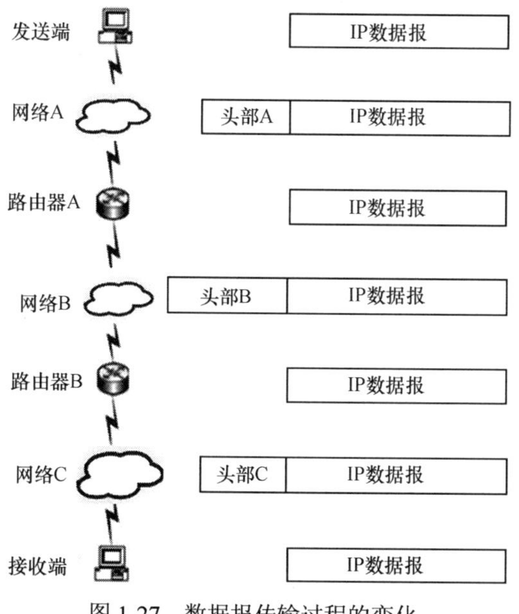

图 1-27　数据报传输过程的变化

在网络上不同阶段传输时的变化。无论数据报穿过何种特定的网络，数据报都会被封装到适合该网络的帧中。

没有网络都有最大传输单元(Maximum Transmission Unit，MTU)。例如，标准的以太网 MTU 为 1500B，16Mb/s 的令牌环 MTU 为 17914B，互联网的标准 MTU 为 576B。对于某些要通过的网络而言，IP 数据报的尺寸可能太大，数据报在这种情况下会被分片(Fragmented)。路由器接收到的数据报大于将要通过的网络时，路由器将会对该数据报进行分片。分片后的数据报抵达接收端后需要被重新组装(Reassembled)。分片和重装的过程如图 1-28 所示。

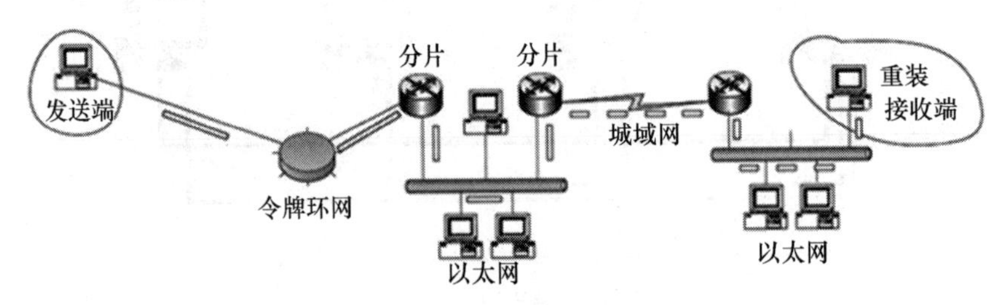

图 1-28　分片和重装示例图

5. 分配 IP

给主机分片 IP 地址的方法分为静态分配和动态分配。静态分配是指由网络管理人员手动配置主机的 IP。Windows 下配置 IP 地址的截图如图 1-29 所示，Linux 下配置静态 IP 的截图如图 1-30 所示。

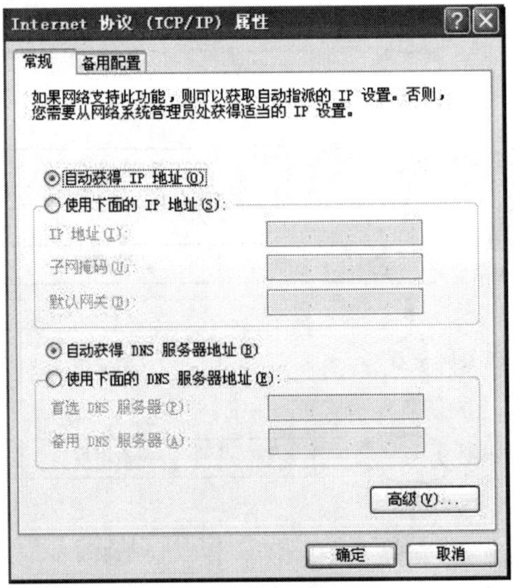

图 1-29　Windows 配置静态 IP 地址

```
root@ora11g:~
[root@ora11g ~]# ifconfig eth0 111.115.147.227 netmask 255.255.255.0 up
[root@ora11g ~]# ifconfig
eth0      Link encap:Ethernet  HWaddr 00:1A:64:D4:C7:E4
          inet addr:111.115.147.227  Bcast:111.115.147.255  Mask:255.255.255.0
          inet6 addr: fe80::21a:64ff:fed4:c7e4/64 Scope:Link
          UP BROADCAST RUNNING MULTICAST  MTU:1500  Metric:1
          RX packets:85846166 errors:0 dropped:0 overruns:0 frame:0
          TX packets:39455527 errors:0 dropped:0 overruns:0 carrier:0
          collisions:0 txqueuelen:1000
          RX bytes:16950704896 (15.7 GiB)  TX bytes:22795550638 (21.2 GiB)
          Interrupt:16 Memory:ce000000-ce012800
```

图 1-30 Linux 配置静态 IP 地址

动态给主机配置 IP 有三种方法。前两种方法 RARP(Reverse Address Resolution Protocol) 和 BOOTP(BOOTstrap Protocol)，相比第三种方法 DHCP(Dynamic Host Configuration Protocol)，使用的要少得多。这里只介绍 DHCP 协议的使用。当设定 Windows 主机的时候，在设置“Internet 协议版本 4 属性”对话框，如图 1-29 所示，选择“自动获取 IP 地址”，主机既可以自动从 DHCP 服务器那里获得 IP 地址。当 DHCP 服务器从一个未知主机收到 DHCP 请求时，它将从可用的 IP 里给这台机器分配一个。这个地址是可以多次使用的。DHCP 还可以配置其他的一些属性，如子网掩码、默认网关和 DNS 地址等。

DHCP 系统如图 1-31 所示。DHCP 服务器分配一个 IP 和租用时间给客户端，客户端在租用时间结束后，IP 地址将会被 DCHP 收回，并重新分配。DHCP 请求

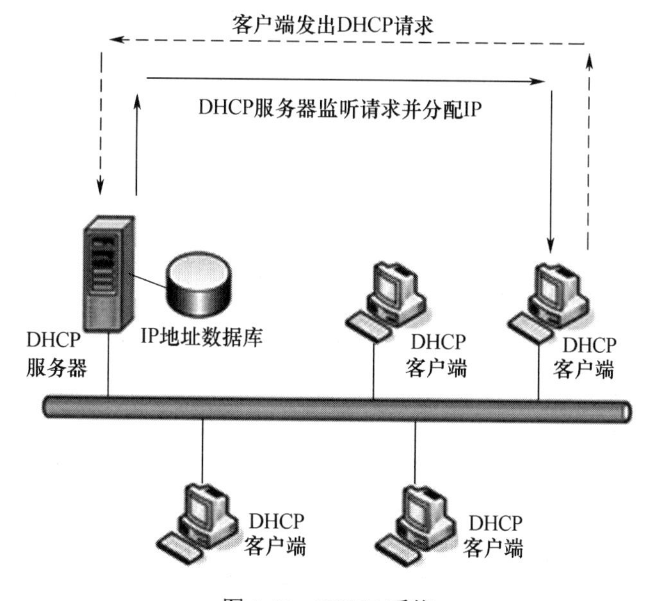

图 1-31 DHCP 系统

是由客户端以广播的显示发出的，DHCP 服务器接收到广播后向该客户端提供一个 IP 地址。当客户端收到多个网络上 DHCP 服务器提供的地址时，它会选取最优的那个地址，如租期最长的地址。当客户端确定 IP 时，它发出租用 IP 广播，之前提供最优 IP 的 DHCP 服务器进行回应，其他服务器撤销他们的回应。

6. 私有地址

由于目前使用的 IPv4 协议的限制，现在 IP 地址的数量是有限的。这样，就不能为居于网中的每一台计算机分配一个公网 IP。所以，在局域网中的每台计算机就只能使用私有 IP 地址，如常见的 192.168.0.*，就是私有 IP 地址。相同的私有地址可以同时用作世界上任何地方的局域网中。

私有 IP 地址是一段保留的 IP 地址。只是使用在局域网中，在 Internet 上是不使用的。私有地址的范围如表 1-4 所列。

表 1-4 私有地址 IP 范围

类	IP 开始地址	IP 结束地址
A	10.0.0.0	10.255.255.255
B	172.16.0.0	172.31.255.255
C	192.168.0.0	192.168.255.255

7. NAT

网络地址转换(Network Address Translation，NAT)是将 IP 数据包头中的 IP 地址转换为另一个 IP 地址的过程。在实际应用中，NAT 主要用于实现私有网络访问公共网络的功能。这种通过使用少量的公有 IP 地址代表较多的私有 IP 地址的方式，将有助于减缓可用 IP 地址空间的枯竭。

借助于 NAT，私有(保留)地址的“内部”网络通过路由器发送数据包时，私有地址被转换成合法的 IP 地址，一个局域网只需使用少量 IP 地址(甚至是 1 个)即可实现私有地址网络内所有计算机与 Internet 的通信需求。

NAT 将自动修改 IP 报文的源 IP 地址和目的 IP 地址，IP 地址校验则在 NAT 处理过程中自动完成。有些应用程序将源 IP 地址嵌入到 IP 报文的数据部分中，所以还需要同时对报文的数据部分进行修改，以匹配 IP 头中已经修改过的源 IP 地址。否则，在报文数据部分嵌入 IP 地址的应用程序就不能正常工作。

图 1-32 是一个 NAT 应用的示例。路由器与局域网的接口和局域网上所有的主机使用了私有地址，从 192.168.0.1 到 192.168.1.5。路由器与互联网连接的接口地址与局域网完全不同。路由器使用端口映射表就可以知道网内主机和外网的通信情况。

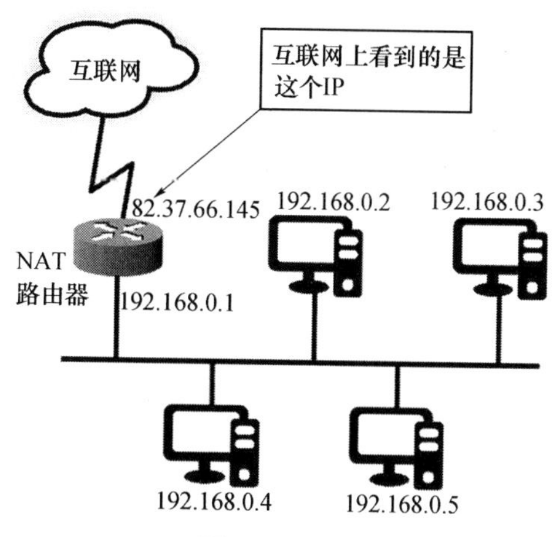

图 1-32　NAT

NAT 的另一个优点是它能够隐藏内网的网络结构从而有效提高网络安全。网络攻击者无法看到内网的主机和网络构架。

8. 子网划分

子网划分(Subnetting)是一种有效地利用 IPv4 的方法。首先看一下定长子网掩码。互联网设备通过掩码与 IP 地址进行逻辑与操作来了解自己属于哪个网络。表 1-5 列出了三个 IP 地址的 2 中掩码表达方法。

表 1-5　固定子网掩码

类	子网掩码
A	255.0.0.0(/8)
B	255.255.0.0(/16)
C	255.255.255.0(/24)

如表 1-5 所列，对于 C 类网络地址，定长的子网掩码是 255.255.255.0 或/24。这种子网掩码说明地址的前三组 8b 表示的是网络地址，最后一组 8b 表示的是主机号。

当路由器接收到一个数据报后，首先要进行逻辑运算进而得知这个数据报属于哪个网络，然后才会处理路由表，计算出数据报下一步需要转发到哪个网段。

变长子网掩码是与定长子网掩码相对应的一种子网划分方式。根据不同网段中的主机个数，使用不同长度的子网掩码，这种设计方式称为变长子网掩码设计。也就是说，网络号中的部分位可以用作主机号，主机号中的部分位可以用作网络号。

变长子网掩码专用于一些特定情况下。为了最大限度地节省地址，会在不同的网络中使用不同的掩码长度，即变长子网掩码。图 1-33 说明了 C 类地址使用变长子网掩码后可以使用的网络数和主机数。

掩码	网络数	主机数
255.255.255.0	0 网络数	254 主机数
255.255.255.128	2 网络数	126 主机数
255.255.255.192	4 网络数	62 主机数
255.255.255.224	8 网络数	30 主机数
255.255.255.240	16 网络数	14 主机数
255.255.255.248	32 网络数	6 主机数
255.255.255.252	64 网络数	2 主机数

图 1-33 变长子网掩码

子网划分可以带来以下好处：

(1) 缩减网络流量。创建的广播越多，其广播的规模越小，并且在每个网段上的流量也就会越低。

(2) 优化网络性能。

(3) 简化管理。主机数量越小，判断网络中出现故障越容易。

(4) 可以更为灵活地形成大覆盖范围的网络。同局域网相比，通常广域网的链接被认为是更加缓慢而且昂贵的，因此要尽量避免一个单一覆盖面很大的网络。而完成多个相对小的网络的互联，会使系统更为有效。

1.5.2 传输层协议

传输层协议工作在 IP 层的上一层，它将应用程序的数据从本机的传输层传到目的计算机的传输层。这一层中最重要的协议是 TCP 协议，其次就是 UDP 协议。

尽管 TCP 和 UDP 都使用相同的网络层(IP)，TCP 向应用层提供与 UDP 完全不同的服务。TCP 提供一种面向连接的、可靠的字节流服务。

面向连接意味着两个使用 TCP 的应用(通常是一个客户和一个服务器)在彼此交换数据之前必须先建立一个 TCP 连接。这一过程和打电话很相似，先拨号振铃，等待对方摘机说话，然后才说明是谁。

1. 3 次握手和 4 次断开

在 TCP 进行数据发送前，首先在双方之间建立一条连接。发送方初始化连接，接收方必须接收请求。一旦连接建立，两端必须保证数据的发送和接收没有错误。TCP 使用 3 次握手来打开连接和同步连接建立完成。主机 *X* 和 *Y* 打开连接进行握手的过程如图 1-34 所示。

在图 1-34 中，主机 *X* 首先请求同步(SYN)。在第二次握手时，*Y* 确认 *X* 发出的请求。最后一次握手双方确认连接建立。数据开始着手传输。

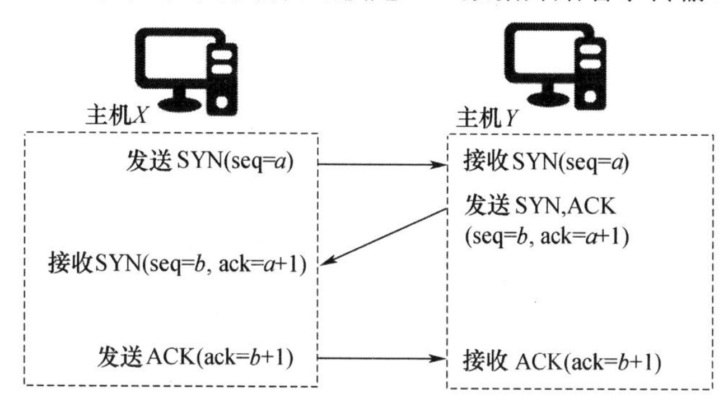

图 1-34　TCP 3 次握手

当数据传输结束，TCP 双方进行 4 次通信，然后断开整个连接。整个过程如图 1-35 所示，主机双发将发送 2 次 FIN 和 2 次 ACK 数据，发送完后双发确定连接断开，连接完全断开。

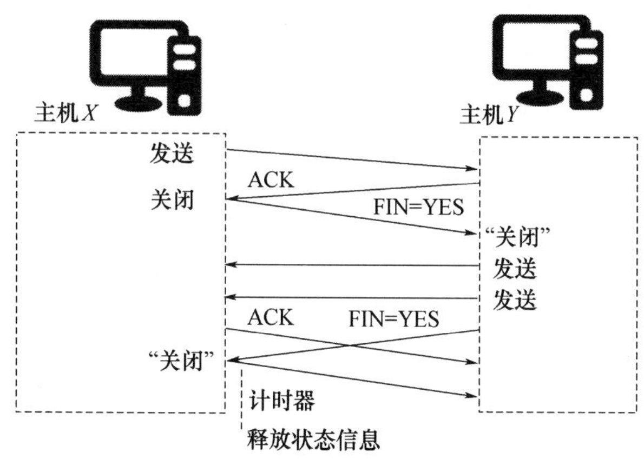

图 1-35　TCP 4 次断开

2. 窗口机制

接收方接收到的分片之后的数据需要和发送方的顺序一致，并且数据没有重复和损坏。一种能够保证这种机制的方法是在发送端每发送一个数据前获得接收端发送的数据收到确认。这种方法的思路如图 1-36 所示。

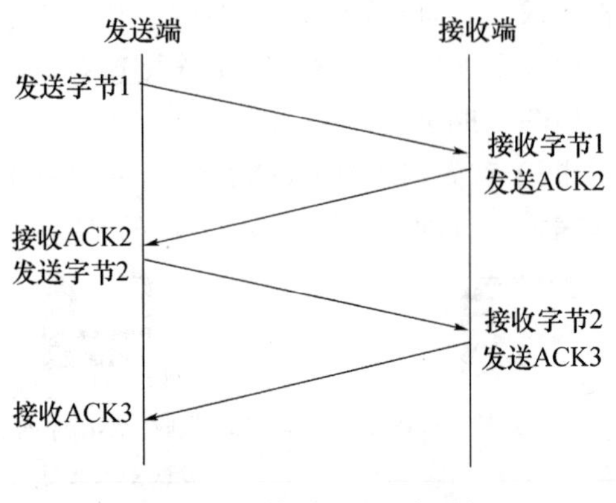

图 1-36　简单的窗口机制

发送端等待接收端的 ACK 再进行发送，让整个系统效率很低。因此，和其他可靠的面向连接的协议一样，TCP 协议把多个还没有确认的数据放入等待序列。未完成传输的数量，也就是还没有收到确认的数量，称为窗口尺寸。TCP 协议使用的 ACK 数量是一个期望值。也就是说，ACK 数量是 TCP 下一次要发送的量，如图 1-36 所示。如果接收端发现一个序列中的一片数据丢失，这片数据将会重新发送。

TCP 窗口尺寸不是固定的，它是在会话中动态确立的。流量控制使用的就是窗口机制。TCP 连接的双方可能工作在不同的速率下，所以当 TCP 缓存满了之后，双方必须告知另一方停止数据传输。接收端会给发送端发送一个通知窗口(Windows Advertisement)，告诉接收端还可以使用的缓存空间。发送端只能发送最多达到通知窗口大小的数据。随着数据不断地传输，ACK 的通知窗口尺寸会越来越小。当通知窗口为 0 的时候，发送端必须停止发送数据。因为工作在全双工模式下，发送端和接收端的窗口尺寸往往不尽一致。图 1-36 说明了 TCP 窗口机制的操作。同时，系统里还有拥塞控制窗口。

3. 端口号

TCP 使用端口号将数据传递给上一次协议，端口号同时也用来区分不同的网络会话。例如，一台计算机同时打开 2 个浏览器，每个浏览器打开不同的网站，计算机上使用 TCP 来组织每个应用程序打开对应的数据。不同的端口号使 TCP 实现了不同软件与连接的对应。图 1-37 上每一个对话都有 TCP 全双工连接。每个完整的地址都是由 IP 地址和端口号共同组成，如 64.86.203.2:1727，冒号后面是端口号。

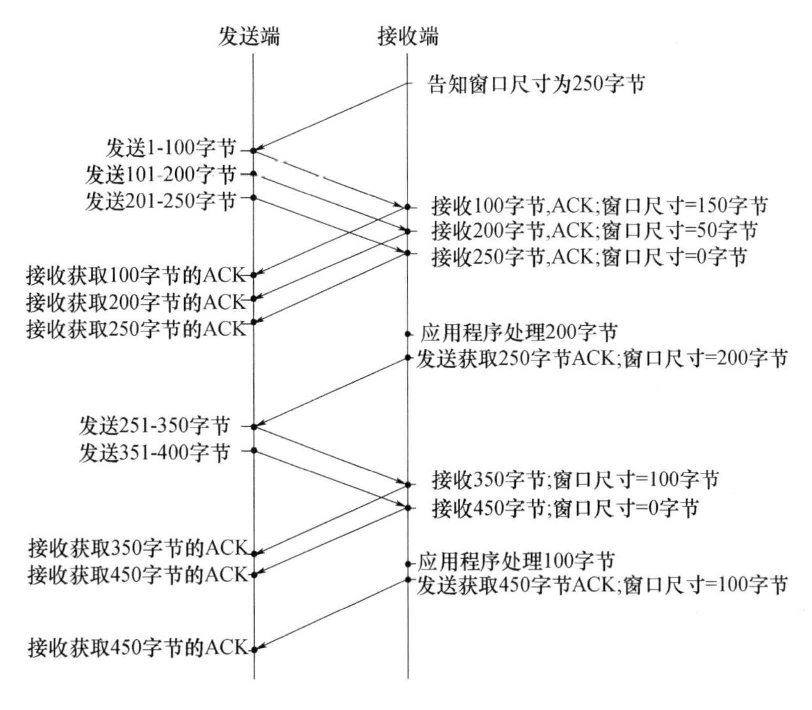

图 1-37　窗口机制

端口号的范围为 0～65535，小于 1024 的端口号被系统预定义，例如：80 端口分给 HTTP 服务，21 端口分给 FTP 服务。如果应用不是这些预定义好的，系统会随机选择一个大于 1024 的空闲端口，图 1-38 显示的就是系统使用了 1727 和 1734 端口。

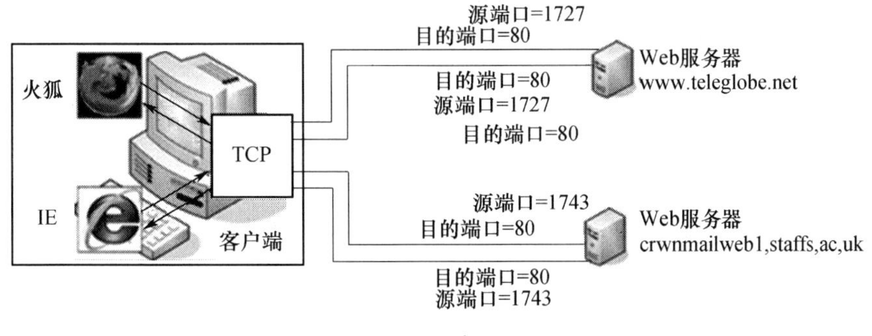

图 1-38　端口号

4. UDP

UDP 是 TCP/IP 协议族中一种面向不连接的协议。与 TCP 不同，UDP 协议是一种不可靠的协议，它不提供 ACK 确认，不保证传递是否一定到达，也没有窗口机制。如果使用 UDP 协议，任何错传和重传都必须由上一层协议处理。UDP 关心的只是发送和接收数据报。UDP 协议和 IP 协议的主要区别就是 UDP 增加了端口号用以区分数据对应的应用程序。

UDP 协议主要使用在分片数据不需要按序列重组的应用中。使用 UDP 协议的应用层服务主要有 DHCP、DNS、TFTP 和 SNMP。UDP 通常比 TCP 要快，当对传输时间有要求时，通常使用的是 UDP 协议。例如，VoIP 首先要考虑的是传输时间，使用的就是 UDP 协议。

1.5.3 高级数据链路控制协议(High-Level Data Link Control，HDLC)

当数据需要穿过广域网链路的时候，数据链路层将来自网络层的数据进行封装。数据帧到达路由器的时候，路由器去掉帧信息读取网络层 IP 信息。读取到 IP 地址后，路由器对比路由表，计算出下一条路由地址之后，路由器加入相应的帧信息，重新封装该数据报到帧格式，从相应接口发出。

高级数据链路控制协议属于二层的数据链路层协议，在广域网中使用。HDLC 和其他二层协议使用的帧格式和每一个字段的长度如图 1-39 所示。

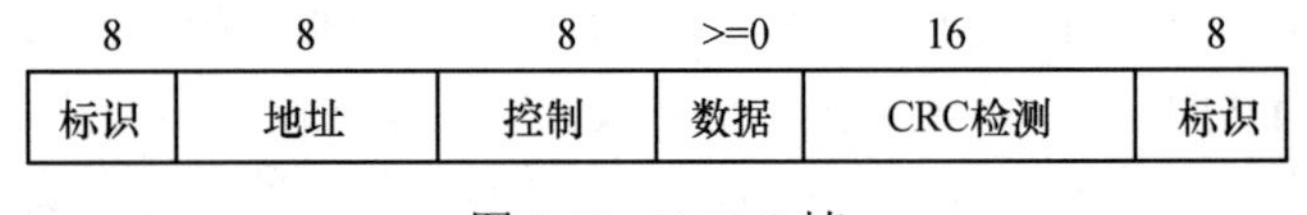

图 1-39 HDLC 帧

HDLC 协议规定帧的首个 8 位都是相同的标识字段，01111110。地址字段通常是多余的，因为大多数路由器使用的是点对点协议，不需要使用地址字段。第三个字段是类型字段，共有三种。Unnumbered 帧表示线路组建信息，Information 帧是数据帧，Supervisory 帧用来处理流量控制和差错控制。和 TCP 类似的窗口机制主要用来处理流量控制。Checksum 字段用来进行 CRC 检测。

1.5.4 多协议标签交换

传统网络在传送数据报时，每个路由器都要将数据报拆封到 IP 层的形式，然后依据 IP Header 中的目的地址来查询路由表(Routing Table)，以决定往哪一个路由器继续传送，直到到达目的为止。为了避免每个数据报在每个路由器传送的过程中皆需要执行一次 IP Routing，多协议标签交换协议(Multiprotocol Label Switching，MPLS)应运而生。如图 1-40 所示，使用 MLPS 技术后，每个数据报在边缘端被分类，且在帧头部和IP头部之间加入一个4B的标签，接着就会依据这个标签以类似Switching的方式快速沿LSP传送到目的地。标签在这里的作用就像索引一样，路由器检测每个数据的标签要比查询巨大的路由表快得多。数据报抵达目的地后，标签会被移除。

图1-40　MPLS

MPLS技术和ATM网络一样具有第二层高效能传输数据的能力。MPLS提高了传输速度，降低了延迟。

1.6　网络操作系统

1.6.1　网络操作系统概述

1. 操作系统(OS)

操作系统(OS)是计算机系统中负责提供应用程序的运行环境以及用户操作环境的系统软件，同时也是计算机系统的核心与基石。它的职责包括对硬件的直接监管、对各种计算资源的管理以及提供诸如作业管理之类的面向应用程序的服务等。

2. 网络操作系统(NOS)

除了实现单机操作系统的全部功能外，还具备管理网络中的共享资源，实现用户通信以及方便用户使用网络等功能，是网络的心脏和灵魂。

网络操作系统是网络用户与计算机网络之间的接口，是计算机网络中管理一台或多台主机的软硬件资源、支持网络通信、提供网络服务的程序集合。

1.6.2　网络操作系统的功能与特性

1. 网络操作系统的功能

(1) 共享资源管理；

(2) 网络通信；

(3) 网络服务；

(4) 网络管理；

(5) 互操作能力。

2. 网络操作系统的特性

(1) 客户/服务器模式；

(2) 32b 操作系统；

(3) 抢先式多任务；

(4) 支持多种文件系统；

(5) Internet 支持；

(6) 并行性；

(7) 开放性；

(8) 可移植性；

(9) 高可靠性；

(10) 安全性；

(11) 容错性；

(12) 图形化界面(GUI)。

1.6.3 局域网中常用的网络操作系统

1. Unix

Unix 是美国贝尔实验室开发的一种多用户、多任务的操作系统。作为网络操作系统，Unix 以其安全、稳定、可靠的特点和完善的功能，广泛应用于网络服务器、Web 服务器、数据库服务器等高端领域。Unix 主要有以下几个特点：

(1) 可靠性高。Unix 在安全性和稳定性方面具有非常突出的表现，对所有用户的数据都有非常严格的保护措施。

(2) 网络功能强。作为 Internet 技术基础的 TCP/IP 协议，就是在 Unix 上开发出来的，而且成为 Unix 不可分割的组成部分。Unix 还支持所有最通用的网络通信协议，这使得 Unix 能方便地与单主机、局域网和广域网通信。

(3) 开放性好。

Unix 的缺点是系统过于庞大、复杂，一般用户很难掌握。

2. NetWare

NetWare 是 Novell 公司开发的网络操作系统，主要使用 IPX/SPX 协议进行通信，主要具有以下特点：

(1) 强大的文件和打印服务功能。NetWare 通过高速缓存的方式实现文件的高速处理，还可以通过配置打印服务实现打印机共享。

(2) 良好的兼容性及容错功能。NetWare 不仅与不同类型的计算机兼容，还与不同的操作系统兼容。同时，NetWare 在系统出错时具有自我恢复的能力，从而将因文件丢失而带来的损失降到最小。

(3) 比较完备的安全措施。NetWare 采取了四级安全控制，以管理不同级别用户对网络资源的使用。

NetWare 的缺点：相对于 Windows 操作系统来说，NetWare 网络管理比较复杂。它要求管理员熟悉众多的管理命令和操作，易用性差。

3. Linux

Linux 是一个“类 UNIX”的操作系统，最早是由芬兰赫尔辛基大学的一名学生开发的。

Linux 是自由软件，也称源代码开放软件，用户可以免费获得并使用 Linux 系统，主要有以下特点：

(1) Linux 是免费的；

(2) 较低的系统资源需求；

(3) 广泛的硬件支持；

(4) 极强的网络功能；

(5) 极高的稳定性与安全性。

Linux 的缺点：相对于 Windows 系统来说，Linux 易用性较差。

4. Windows 9X/ME/XP/NT/2000/2003

1) Windows 9X/ME/XP

Windows9X/ME/XP 系列操作系统是美国微软公司推出的面向个人计算机的操作系统。严格来说，它并不属于网络操作系统。但是，Windows 系列系统都集成了丰富的网络功能，可以利用其强大的网络功能组建简单的对等网。

2) Windows NT4.0

Windows NT4.0 是微软公司开发的网络操作系统，主要是针对局域网开发的，因其界面友好，易于使用，功能强大，而抢占了几乎 80%的中低端网络操作系统的市场份额。

Windows NT4.0 共有两个版本：Windows NT Workstation(工作站版)和 Windows NT Server(服务器版)。工作站版主要作为单机和网络客户机操作系统，而服务器版用于配置局域网服务器。

3) Windows 2000

Windows 2000 是微软公司 Windows 家族的一个重量级产品，是微软公司众多程序开发者集体智慧的结晶。主要有以下特性：

(1) 多任务。

(2) 大内存。

(3) 多处理器。

(4) 即插即用。

(5) 利用集群技术，Windows 2000 可以将多个服务器虚拟为一个功能强大的服务器，同时为用户提供服务，以增强处理能力和提供容错功能。

(6) Windows 2000 在原有文件系统基础上引入了 NTFS 5.0 文件系统，从而支持文件级安全、加密、压缩、磁盘配额等功能。

(7) 良好的服务质量，服务质量即对网络通信带宽的保障。

(8) 通过终端服务，可以使多个用户通过终端窗口同时连接到一台服务器，使用一台计算机的资源，真正实现分步操作。同时，也可以通过终端服务，远程管理服务器。

(9) 通过远程安装服务，可以快速安装网络客户端。例如，可以通过远程安装服务器，安装整个网络的客户端系统，大大提高工作效率。

(10) Windows 2000 的活动目录是一个大型数据库，用于保存 Windows 2000 网络的资源信息、管理和控制信息。有了活动目录，使访问、管理、控制网络资源更加方便。

Windows 2000 共有 4 个版本，是一个从低端到高端的全方位的操作系统。这 4 个版本简介如下：

(1) Windows 2000 Professional是单用户及网络客户机操作系统，是Windows NT Workstation 4.0的升级版，支持2个处理器、4GB的物理内存。

(2) Windows 2000 Server 是服务器平台的标准版本，是 Windows NT Server 4.0 的升级版，适合作为中小企业服务器操作系统。它包含了 Professional 的所有功能，并可以在此基础上支持活动目录、IIS 等。它最多支持 4 个处理器、4GB 的物理内存。

(3) Windows 2000 Advanced Server 适合作为大型企业服务器操作系统，它包含了服务器版的所有功能，同时提供了对集群的支持，最大支持 8 个处理器、8GB 的物理内存。

(4) Windows 2000 Datacenter Server 是 Microsoft 服务器系列中当时最强大的服务器，这个操作系统适用于大型企业网。它包括 Windows 2000 Advanced Server 的所有特性及下列特性：①更高级的群集服务；②支持最多 64GB 内存；③最多 16 向 SMP 支持(OEM 版本最多拥有 32 向 SMP 支持)。

5. Windows Server 2003

Windows Server 2003 是微软公司于 2003 年 4 月正式推出。Windows Server

2003 与 Windows 2000 相比速度更快、更稳定和更安全，同时也增加了一些新功能，如邮件服务、IPv6、微软.NET 技术等。Windows Server 2003 同样分为 4 个版本，但全部为服务器版，没有单机版本。

Windows Server 2003 的 4 个版本分别为：

(1) Web 服务器版，是微软公司针对 Web 服务器开发的操作系统，支持 2 个处理器、2GB 物理内存，支持 IIS6.0 和 Internet 防火墙，同时提供了对微软 ASP.NET 的支持，是构建 Web 服务器的理想平台。

(2) 标准版，是微软公司针对于中小企业服务器开发的操作系统，相当于 Windows 2000 服务器版，支持 4 个处理器、4GB 物理内存，可以作为中小企业服务的操作系统。

(3) 企业版，是微软公司针对于大型企业服务器开发的操作系统，相当于 Windows 2000 的高级服务器版，支持 8 个处理器、32GB 物理内存，可以作为大型企业服务器的操作系统。

(4) 数据中心版，是微软针对于大型数据仓库开发的操作系统。它分两个版本，分别为 32 位版本和 64 位版本。其中：32 位版本支持 32 个处理器、64GB 物理内存；64 位版本支持 64 个处理器、512GB 物理内存，可以作为大型数据仓库的操作系统。

1.7 计算机网络面临的安全威胁

随着互联网的日益普及，人们对互联网的依赖也越来越强，网络已经成为人们生活中不可缺少的一部分。但是，Internet 是一个面向大众的开放系统，对于信息的保密和系统安全考虑得并不完善，加上计算机网络技术的飞速发展，互联网上的攻击与破坏事件不胜枚举。计算机黑客犯罪已经渗入到政府机关、军事部门、商业等单位，如果不加以保护，轻则干扰人们的生活，重则造成严重的经济损失。

1.7.1 网络安全的定义

1. 国内对信息安全的定义

信息安全保密内容为实体安全、运行安全、数据安全和管理安全 4 个方面。我国计算机信息系统专用产品分类原给出的定义是“涉及实体安全、运行安全和信息安全三个方面。”

我国相应立法给出的定义是“保障计算机及相关的和配套的设备、设施(网络)的安全。运行环境的安全、保障信息安全、保障计算机功能的正常发挥，以维护计算机信息系统的安全。”这里面涉及物理安全、运行安全与信息安全三个层面。

国家信息安全重点实验室给出的定义是“信息安全涉及信息的机密性、完整性、可用性、可控性。综合起来说，就是要保障电子信息的有效性。”

2. 国外对信息安全的定义

英国 BS7799 信息安全管理标准给出的定义是“信息安全是使信息避免一系列威胁，保障商务的连续性，最大限度地减少商务的损失，最大限度地获取投资和商务的回报，涉及的是机密性、完整性、可用性。”

美国国家安全局给出的定义是“因为术语‘信息安全’一直仅表示信息的机密性，在国防部用‘信息保障’来描述信息安全，也称抵赖性。”

国际标准化委员会给出的定义是“为数据处理系统而采取的技术的和管理的安全保护，保护计算机硬件、软件、数据不因偶然的或恶意的原因而遭到破坏、更改、显露。”这里既包含了层面的概念，其中：计算机硬件可以看作是物理层面，软件可以看作是运行层面，也就是数据层面；又包含了属性的概念，其中：破坏涉及的是可用性，更改涉及的是完整性，显露涉及的是机密性。

纵观从不同角度对信息安全的不同描述，可以看出两种描述风格。一种是从信息安全涉及层面的角度进行描述，大体上涉及了实体(物理)安全、运行安全和数据(信息)安全；另一种是从信息安全所涉及的安全属性的角度进行描述，大体涉及了机密性、完整性和可用性。从上述定义中总结，信息安全的含义就是最大程度地减少数据和资源攻击的可能性。

1.7.2 网络安全事件举例

1. 事件一

2005 年 6 月 17 日，万事达信用卡公司称，大约 4000 万名信用卡用户的账户被一名黑客利用计算机病毒侵入，遭到入侵的数据包括信用卡用户的姓名、银行和账号，这都能够被用来盗用资金。如果该黑客真的用这些信息来盗用资金，不但给信用卡用户带来巨大的经济损失，而且侵犯了这些信用卡用户的个人隐私。

2. 事件二

2005 年 7 月，英国一名可能被引渡到美国的黑客 Mckinnon 表示，安全性差使他能够入侵美国国防部网站的主要原因。他面临“与计算机有关的欺诈”指控，控方称他的犯罪活动涉及了美国陆军、海军、空军以及美国航空航天局。

入侵的黑客通常扮演以下角色：

(1) 充当政治工具。非法入侵到国防、政府等一些机密信息系统，盗取国家军事和政治情报，危害国家安全。

(2) 用于战争。通过网络，利用黑客手段侵入敌方信息系统，获取军事信息，发布假信息、病毒，扰乱对方系统等。

(3) 非法入侵金融、商业系统，盗取商业信息；在电子商务、金融证券系统中进行诈骗、盗窃等违法犯罪活动；破坏正常的经济秩序。我国证券系统接二连三地发生盗用他人密码进行诈骗的案件，已经引起了网民的不安。

(4) 非法侵入他人的系统，获取个人隐私，以便利用其进行敲诈、勒索或者损害他人的名誉，炸毁电子邮箱，使系统瘫痪等。

目前，威胁网络安全的技术主要有病毒、入侵和攻击；而对网络信息失窃造成威胁的主要是黑客的入侵，只有入侵到主机内部才可能窃取到有价值的信息。基于以上事件的分析，一方面可以看到网络安全不仅影响到一个国家的政治、军事、经济及文化的发展，而且会影响到国家局势的变化和发展；另一方面，网络自身存在安全隐患才会影响到网络的安全。

1.7.3 计算机网络不安全因素

对计算机信息构成不安全的因素主要有：一是人为因素和自然因素；二是网络体系结构本身存在的安全缺陷。其中：人为因素是指一些不法之徒利用计算机网络存在的漏洞，或者潜入计算机房，盗用计算机系统资源，非法获取重要数据、篡改系统数据、破坏硬件设备、编制计算机病毒；而网络体系结构本身存在的安全缺陷是指网络操作系统的脆弱性、TCP/IP 协议的安全性缺陷、数据库管理系统安全的脆弱性。人为因素是对计算机信息网络安全威胁最大的因素。计算机网络不安全因素主要表现在以下几个方面。

1. 计算机网络的脆弱性

互联网是对全世界都开放的网络，任何单位或个人都可以在网上方便地传输和获取各种信息，互联网的开放性、共享性、国际性的特点对计算机网络安全提出了巨大挑战。互联网的不安全性主要有：

(1) 网络的开放性。网络的技术是全开放的，使得网络所面临的攻击来自多方面，或是来自物理传输线路的攻击，或是来自对网络通信协议的攻击，以及对计算机软件、硬件漏洞实施的攻击。

(2) 网络的国际性。这意味着对网络的攻击不仅可以是来自于本地网络的用户，还可以是互联网上其他国家的黑客，网络的安全面临着国际化的挑战。

(3) 网络的自由性。大多数的网络对用户的使用没有技术上的约束，用户可以自由地上网，发布和获取各类信息。

2. 操作系统存在的安全问题

操作系统是计算机网络最基本的支撑软件。操作系统提供了很多的管理功能，主要是管理系统的软件资源和硬件资源。操作系统软件自身的不安全性，以及系统开发设计留下的破绽，都给网络安全留下隐患。

(1) 操作系统结构体系的缺陷。操作系统本身有内存管理、CPU 管理、外设管理等，每个管理都涉及到一些模块或程序，如果在这些程序里面存在问题，如内存管理问题，外部网络的一个连接过来，刚好连接到这个有缺陷的模块，就可能出现计算机系统崩溃或信息泄露。所以，有些黑客往往是针对操作系统的不完善进行攻击，使计算机系统特别是服务器系统被控制，甚至瘫痪。

(2) 操作系统支持在网络上传送文件、加载或安装程序(包括可执行文件)，这也会带来不安全因素。网络很重要的一个功能就是文件传输功能，如 FTP，安装程序经常会携带一些可执行文件，可执行文件都是人为编写的程序，如果某个地方出现漏洞，那么系统可能就会造成崩溃。如果生产厂家或个人在上面安装间谍程序，那么用户的整个传输过程、使用过程都会被别人监视到，所有的这些传输文件、加载的程序、安装的程序、执行文件，都可能给操作系统带来安全的隐患。所以，建议尽量少使用一些来历不明，或者无法证明它的安全性的软件。

(3) 操作系统可以创建进程，支持进程的远程创建和激活，支持创建的进程继承创建的权利，这些机制提供了在远端服务器上安装“间谍”软件的条件。若将间谍软件以打补丁的方式“打”在一个合法用户上，特别是“打”在一个特权用户上，黑客或间谍软件就可以使系统进程与作业的监视程序监测不到它的存在。

(4) 操作系统有大量的守护进程。守护进程是一直在操作系统后台运行的程序，总是在等待某些事件的出现。例如，监控病毒的监控软件就是守护进程，一有病毒出现就会被捕捉到。但是病毒也可以伪装成守护进程，平时它可能不起作用，一旦碰到特定的情况，如某个特定的事件，它就会把用户的硬盘格式化。

(5) 操作系统会提供一些远程调用功能。所谓远程调用就是一台计算机可以调用远程一个大型服务器里面的一些程序，可以提交程序给远程的服务器执行，如 Telnet。远程调用要经过很多的环节，中间的某些环节可能会出现被人监控等安全的问题。

(6) 操作系统的后门和漏洞。后门程序是指那些绕过安全控制而获取对程序或系统访问权的程序方法。在软件开发阶段，程序员利用软件的后门程序得以修改程序设计中的不足。一旦后门被黑客利用，或在发布软件前没有删除后门程序，容易被黑客当成漏洞进行攻击，造成信息泄密和丢失。此外，操作系统的无口令的入口，也是信息安全的一大隐患。

(7) 尽管操作系统的漏洞可以通过版本的不断升级来克服，但是系统的某一个安全漏洞就会使得系统的所有安全控制毫无价值。从发现问题到升级这段时间，一个小小的漏洞就足以使整个网络瘫痪。

3. 数据库存储的内容存在的安全问题

大量的信息存储在各种各样的数据库里面，包括上网看到的所有信息。传统的数据库主要考虑的是信息方便存储、利用和管理，在安全方面考虑得比较少。例如，授权用户超出了访问权限进行数据的更改活动，或者，非法用户绕过安全内核，窃取信息。对于数据库的安全而言，就是要保证数据的安全可靠和正确有效，即确保数据的安全性、完整性。数据的安全性是防止数据库被破坏和非法存取；数据库的完整性是防止数据库中存在不符合语义的数据。

4. 防火墙的脆弱性

防火墙是指一个由软件和硬件设备组合而成、在内部网和外部网之间、专用网与公共网之间的界面上构造的保护屏障，详细内容将在下面的章节讲到。它是一种计算机硬件和软件的结合，使 Internet 与 Intranet 之间建立起一个安全网关(Security Gateway)，从而保护内部网免受非法用户的侵入。

防火墙只能提供网络的安全性，但不能保证网络的绝对安全，它也难以防范网络内部的攻击和病毒的侵犯。并不要指望防火墙靠自身就能够给予计算机安全。防火墙有助于免受外网攻击的威胁，但是却不能防止从 LAN 内部的攻击，若是内部的人和外部的人联合起来，即使防火墙再强，也是没有优势的。它甚至不能确保免受所有那些它能检测到的攻击。随着技术的发展，一些破解的方法也使得防火墙造成一定隐患。

5. TCP/IP 协议的安全性缺陷

TCP 使用三次握手机制来建立一条连接。握手的第一个报文为 SYN 包；第二个报文为 SYN/ACK 包，表明它应答第一个 SYN 包同时继续握手的过程；第三个报文仅仅是一个应答，表示为 ACK 包。若 A 为连接方，B 为响应方，期间可能的威胁有：

(1) 攻击者监听 B 方发出的 SYN/ACK 报文。

(2) 攻击者向 B 方发送 PST 包，接着发送 SYN 包，假冒 A 方发起新的连接。

(3) B 方响应新连接，并发送连接响应报文 SYN/ACK。

(4) 攻击者再假冒 A 方对 B 方发送 ACK 包。

这样攻击者便达到了破坏连接的作用，若攻击者再趁机插入有害数据包，则后果更为严重。

6. 其他方面的因素

计算机系统硬件和通信设施极易遭受自然环境的影响，如各种自然灾害(地震、泥石流、水灾、风暴、建筑物破坏等)对计算机网络构成威胁。还有一些偶发性因素，如电源故障、设备的机能失常、软件开发过程中留下的某些漏洞等，也对计算机网络构成严重威胁。此外，管理不好、规章制度不健全、安全管理水平较低、操作失误、渎职行为等都会对计算机信息安全造成威胁。

1.7.4 计算机网络安全现状

对于许多网络用户而言，知道面临着一定的威胁。但这种威胁来自哪里、究竟有什么后果，并不十分清楚。一般来说，对普通的网络用户来说，面临的安全问题主要有以下几个方面。

1. 病毒问题

这是广大用户最了解的一个安全问题，计算机病毒程序容易复制，有着巨大的破坏性，其危害已被人们所认识。以前的单机病毒就是已经让人们谈毒色变，通过网络传播的病毒无论是在传播速度、破坏性和传播范围等方面都是单机病毒所不能比拟的。目前全球已经发现将近十万余种病毒，并且每天以十余种的速度在增长。有资料显示，病毒威胁所造成的损失占网络经济损失的 76%，仅“爱虫”病毒发作在全球所造成的损失就达 96 亿美元。

另外，病毒的生命周期正在无限制地延长。计算机病毒的产生过程可分为：程序设计→传播→潜伏→触发→运行→实行攻击。从 2006 年主要计算机病毒发作频率和变种速度来看，病毒的生命周期延长的趋势十分明显，这主要是由于病毒载体的增多造成的。无线上网技术、蓝牙、手机短信、IM 聊天、电子邮件木马捆绑、BLOG 中隐藏的跨站攻击代码、免费音频和视频中的病毒嵌入等都会寄存病毒代码，而变种和交叉感染的存在，都使得病毒从生成开始到完全根除结束的时间大大延长。

2. 非法访问和破坏

黑客攻击已经有几十年的历史。黑客技术对于许多人来说已经不再高深莫测，黑客技术逐渐被越来越多的人掌握和发展。目前，世界上有 20 多万个黑客网站，专门介绍一些攻击方法和攻击软件的使用，以及操作系统漏洞。黑客技术的广泛传播，增大了系统、站点遭受攻击的可能性，尤其是在缺乏针对网络犯罪卓有成效的反击和跟踪手段的情况下，使得黑客攻击的隐藏性好、“杀伤力”强，是网络安全主要的威胁。

黑客活动几乎覆盖了所有操作系统，包括 Unix、Windows NT、VMS 及 MVS 等。黑客攻击比病毒破坏更具目的性，因而也更具备危害性。

3. 管理漏洞

网络系统的严格管理是企业、机构和用户免受攻击的重要措施。但事实上，很多企业、机构和用户的网站或系统都疏于这方面的管理。据 IT 企业团体 ITAA 的调查显示，美国 90%的 IT 企业对黑客攻击准备不足。目前，美国 75%～85%的网站都抵挡不住黑客的攻击，约有 75%的企业网上信息失窃，其中 25%的企业损失在 25 万美元以上。此外，管理的缺陷还可能出现系统内部人员泄露机密或外部人员通过非法手段截获而导致机密信息的泄露，从而为一些不法分子制造了可乘之机。

4. 网络的开放性带来的问题

因特网的共享性和开放性使网上信息安全存在先天不足，因为其赖以生存的 TCP/IP 缺乏相应的安全机制，而且因特网最初的设计考虑的是该网不会因局部故障而影响信息的传输，基本上没有考虑安全问题，因此它在安全可靠、服务质量、带宽和方便性等方面存在问题。此外，随着软件系统规模的不断增大，系统中的安全漏洞或“后门”也不可避免地存在，人们常用的操作系统，无论是 Windows 还是 Unix 几乎都存在或多或少的安全漏洞，众多的各类服务器、浏览器应用软件等都被发现存在安全隐患。可以说，任何一个软件系统都有可能因为程序员的一个疏忽、设计中的一个缺陷等原因而存在漏洞，这也是网络安全的主要威胁之一。

网络的开放性以及其他方面的因素，导致了网络环境下的计算机系统存在很多安全问题。这些安全隐患可以归结为以下几个方面：

(1) 只要有程序，就可能存在漏洞。几乎每天都有新的漏洞被发现和公布，程序设计者在修改已知漏洞的同时又可能产生新的漏洞。此外，系统的漏洞经常被黑客攻击，而且这种攻击通常不会产生日志，几乎无据可查。

(2) 黑客的攻击手段在不断更新。安全工具的更新速度太慢，绝大多数情况需要人为参与才能发现以前未知的安全问题，这就使得他们对新出现的安全问题总是反应太慢，因此黑客总是可以找到漏洞进行攻击。

(3) 传统安全工具难于维护系统的后门。防火墙很难考虑到这类问题，大多数情况下，这类入侵行为可堂而皇之地绕过防火墙而很难被察觉。

(4) 安全工具的使用受到人为因素的影响。一个安全工具能不能实现期望的效果，在很大的程度上取决于使用者，包括系统管理者和普通用户。

(5) 每一种安全机制都有一定的应用范围和环境。防火墙是一种有效的安全工具，它可以隐蔽内部网络结构，限制外部网络到内部网络的访问，但对于内部网络之间的访问往往是无能为力的。

1.7.5 网络威胁

1. 网络威胁简介

随着个人网站数目的增多，安全威胁无论在形式上还是在数量上，都呈现出爆炸性增长的态势，很多新型的病毒针对现有的反病毒软件，广泛利用底层驱动技术、提高隐蔽性，将成为病毒发展的重要技术趋势。以"蠕虫病毒"为例，它融合了缓冲区溢出技术、网络扫描技术和病毒感染技术。与此同时，间谍软件也成为"僵尸网络"的传播与制造者。这类软件会将自己嵌入到系统中，然后通过系统层面的拦截方式掌控其他程序。因此，这类软件难以检测与移除，也成为企业用户切肤之痛。

在网络世界里，要想区分开谁是真正意义上的黑客、谁是真正意义上的入侵者并不容易，因为这些人既是黑客，也是入侵者。在大多数人的眼里，黑客就是入侵者。

威胁是黑客对组织及其资产构成潜在破坏的可能性因素，是客观存在的。造成威胁的因素可分为物理环境、系统漏洞和人为因素。操作系统漏洞包括网络设备漏洞、操作系统漏洞和代码漏洞等；人为因素又可分为恶意和无意两种。

威胁作用的形式可以是信息直接和间接地攻击，如非授权地泄露、篡改或删除等，在机密性、完整性和可用性等方面造成损害；也可能是偶发的或蓄意的事件。

绝对的信息安全是不存在的，每个网络环境都有一定程度的漏洞和风险，但是这种程度应是可以接受的。信息安全问题的解决只能通过一系列的规划和措施，把风险降低到可被接受的程度，同时采取适当的安全机制使风险保持在此程度之内。当信息系统发生变化时，应当重新规划和实施来适应新的安全需求。

2. 人为因素威胁

人为因素造成的威胁，主要是指偶发性威胁和故意性威胁，包括网络攻击、蓄意侵入和计算机病毒等。人为因素的威胁又可分为两类。

1) 失误

操作员安全配置不当造成的安全漏洞，用户安全意识不强，用户口令选择不慎，用户将自己的账号随意转借他人或与别人共享等，都会对网络安全带来威胁。网络安全管理工作存在的主要问题是用户安全意识薄弱、对网络安全重视不够、安全措施不落实，导致安全事件的发生。多项数据表明，在发生安全事件的原因中，占前两位的分别是“未修补软件安全漏洞”和“登陆密码过于简单或未修改”，这都表明了用户缺乏相关的安全防范意识和基本的安全防范常识。

2) 故意攻击

这是计算机网络所面临的最大威胁。此类攻击又可分为两种：一是主动攻击，它以各种方式有选择地破坏信息的有效性和完整性；二是被动攻击，它是在不影响网络正常工作的情况下，进行截获、窃取、破译以获得重要机密信息。这两种攻击均可对计算机网络造成极大的危害，并导致机密数据的泄露。虽然人为因素和非人为因素都对系统安全构成威胁，但精心设计的人为攻击威胁最大。

3. 黑客入侵

“黑客”是指那些蓄意地、带有犯罪意图非法进入系统和网络的人，“黑客”做的事情大多数是破译商业软件或恶意入侵别人的网站等，下面介绍黑客入侵系统的过程。

1) 踩点

对于黑客们来说，在盗取商业机密之前，首先要完成的步骤——踩点，这是熟悉目标信息的一个必要的步骤。就网络安全而言，主动的攻击者可以通过对某个组织进行有计划、有步骤的踩点，收集整理出一份关于该组织信息安防现状的完整剖析图。黑客结合使用各种工具和技巧，完全可以从对某个组织公开渠道查出该组织具体使用的域名、网络地址、与因特网直接相关联的各有关系统的 IP 地址以及与信息安防现状有关的其他细节。有很多种技术可以用来进行踩点，但是他们的主要目的不外乎发现和收集与以下几种与网络相关的信息：外部接口的信息、内部的网络环境、远程访问中的信息资源以及分支机构的网络连接。

2) 扫描

黑客在踩点阶段已经确认得到了一定的信息后，开始针对目标系统进行扫描，这是寻找突破点的关键。扫描技术是网络安全领域的重要技术之一，其中包括两种主要的技术：端口扫描技术和漏洞扫描技术。一次完整的扫描分为三个阶段：

(1) 发现目标主机或网络。

(2) 发现目标后进一步搜集目标信息，包括操作系统类型、运行服务以及服务软件的版本等。如果目标为网络，还可以进一步发现该网络的拓扑结构、路由设备以及各主机的信息。

(3) 根据搜集到的信息判断或者进一步测试系统是否存在安全漏洞。

3) 网络安全扫描技术

网络安全扫描包括 Ping 扫描、操作系统探测、访问控制规则探测、端口扫描和漏洞扫描等。这些技术在网络安全扫描三个阶段中各有体现。

(1) Ping 扫描。

Ping 扫描用于扫描的第一个阶段，可以识别目标系统是否处于活动状态。操作系统探测、访问控制规则探测和端口扫描用于扫描第二个阶段，其中：操作系统探测就是对目标主机运行的操作系统进行识别；访问控制规则探测用于获取被防火墙保护的远端网络的资料；端口扫描是通过与目标 TCP/IP 端口连接，对得到的信息进行相关处理，检测出目标存在的安全漏洞。

(2) 端口扫描。

端口扫描指向目标主机的 TCP/IP 服务端口发送探测数据包，并记录目标主机的响应。通过分析响应来判断服务端口是打开还是关闭，可以得知端口提供的服务或信息。端口扫描也可以通过捕获本地主机或服务器的流入、流出 IP 数据包来监视本地主机的运行情况，它仅能对接收到的数据进行分析，发现目标主机的某些内在的弱点，能否为成功进入提供可能性。

(3) 漏洞扫描。

黑客在端口扫描后得知目标主机开启的端口以及端口上的网络服务，将这些信息与网络漏洞扫描系统提供的漏洞库进行匹配查看是否有满足条件漏洞的存在。

基于网络系统漏洞库的漏洞扫描的关键部分就是使用的漏洞库。漏洞扫描大体包括 CGI 漏洞扫描、POP3 漏洞扫描、FTP 漏洞扫描、SSH 漏洞扫描和 HTTP 漏洞扫描等。这些漏洞扫描时基于漏洞库，将扫描结果与漏洞库相关数据匹配比较得出漏洞信息。漏洞扫描包括设有相应漏洞库的各种扫描，如 Unicode 遍历目录漏洞探测、FTP 弱密码探测等。

4) 突破

在黑客工具非常成熟的今天，漏洞扫描和突破往往结合在一起进行，尤其是一些刚刚从某些黑客网站学到一些皮毛的“菜鸟”。当然，很多漏洞是扫描工具无法发现的，所以黑客们根据扫描数据中获取的服务版本信息，有针对性地攻击服务器和网络设备。由于攻击可以识别出正在目标系统上运行的各项服务漏洞，在许多情况下，这些信息已足以让攻击者开始对目标漏洞展开研究。

5) 获得管理权限

经典的黑客目标就是得到更高一级的管理权限。有些漏洞(如 ASP 木马)不能直接获得管理员权限，所以黑客必然要提升权限。提升权限的工具很多，在

Internet 上搜索，可以找到很多已经编译完成的工具。使用类似的工具，黑客就可以轻易使用已知漏洞或者利用 Bug 提升至管理员权限。

6) 数据窃取

传统意义上的黑客绝对不会有这种行为，现实中的黑客主要进行数据窃取或者为了达到一定商业目的而进行的非法入侵。

7) 留取后台程序

后台程序，是黑客已经获得了目标系统管理员权限后，为了以后登录目标系统方便，而留下的简捷的登录模式或者向黑客传递信息的程序。一台计算机上有 65535 个可以使用的端口，那么如果把计算机看作是一间屋子，这 65535 个端口就可以看作是计算机为了与外界联系所开的 65535 扇门。有的门是主人特地打开迎接客人的(提供服务)，有的门是主人为了出去访问而开设的(访问远程服务)，剩下的其他门都该是关闭的，但偏偏因为各种原因，有的门在主人都不知道的情形下却被悄然开启。于是就有好事者进入，主人的隐私被刺探，生活被打扰，甚至屋里的东西被搞得一片狼藉。即使管理员通过改变所有密码类似的方法来提高安全性，仍然能再次入侵。为使再次侵入被发现的可能性减至最低，大多数后台程序设法躲过日志。这样就无法显示入侵者正在使用系统，也无法显示他们在系统进程中出现。

8) 清理痕迹

黑客在入侵后都会想办法抹去自己在受害系统上的活动记录，其目的只有一个，就是逃脱网络管理员的审核、监控和法律的制裁。同时，许多企业不上报网络犯罪的原因在于害怕这样会对业务运作或企业商誉造成负面的影响。

在弄到某个系统管理员权限后，入侵者会想尽一切办法避免被人察觉到他们的存在。稍有安防意识的系统管理员都会在他们的系统上启用审核功能，但因为这会降低服务器的整体性能，因此有不少系统管理员根本没有启用审计功能或只对一小部分项目进行审核。入侵者为了避免被人发现他们在盗用目标系统，在获知 Administrator 权限后最先查看的就是目标审核策略。

日志对于系统安全的作用是显而易见的，无论是网络管理员还是黑客都非常重视日志。一个有经验的网络管理员往往能够迅速通过日志了解到系统的安全性，而一个聪明的黑客往往会在入侵成功后迅速清除掉对自己不利的日志。

1.7.6 网络安全防御体系

通俗地说，网络信息安全与保密主要是指保护网络信息系统，使其没有危险、不受威胁和不出事故。从技术角度来说，网络信息安全与保密的目标主要表现在系统的保密性、完整性、可靠性、可用性、不可抵赖性等方面。

1. 可靠性

可靠性是网络信息系统能够在规定条件下和规定时间内完成规定功能的特性。可靠性是系统安全的最基本要求之一，是所有网络信息系统的建设目标和运行目标。网络信息系统的可靠性测试主要有三种：

(1) 抗毁性是指系统在人为破坏下的可靠性。

(2) 生存性是指随机破坏下系统的可靠性。

(3) 有效性是指一种基于业务性能的可靠性。

2. 可用性

可用性是网络信息可被授权实体访问并按需求使用的特性，即网络信息服务在需要时，允许授权使用或实体使用的特性，或者是网络部分受损或需要有降级使用时，仍能为授权用户提供有效服务的特性。可用性是网络信息系统面向用户的安全性能。网络信息系统最基本的功能是向用户提供服务，而用户的需求是随机的、多方面的，有时还有时间的要求。可用性一般用系统正常使用时间和整个工作时间之比来度量。

3. 保密性

保密性是网络信息不被泄露给非授权的用户、实体的过程，或者其利用的特性，即防止信息泄露给非授权个人或实体，信息只为授权使用的特性。保密性是在可靠性和可用性基础上保障网络信息安全的重要手段。

4. 完整性

完整性是网络经授权不能进行改变的特性，即网络信息在存储或传输过程中保持不被偶然或蓄意地删除、修改、乱序、插入等破坏和丢失的特性。完整性是一种面向信息的安全性，它要求保持信息的原样，以及信息的正确生存、正确存储和传输。

5. 不可抵赖性

不可抵赖性，也称不可否认性，在网络信息系统的信息交互过程中，确信参与者的真实同一性。所有参与者都不可能否认或抵赖曾经完成的操作和承诺。利用信息源证据，可以防止发送信息方不真实地否认已发信息；利用递交接收证据，可以防止接收信息方事后否认已经接收的信息。

1.7.7 计算机网络安全的保护策略

尽管计算机网络信息安全受到威胁，但是采取相应的防护措施，也能有效地保护网络信息的安全。保护策略表现在以几个方面。

1. 隐藏 IP 地址

黑客经常利用一些网络探测技术来查看主机的信息，主要的目的就是得到网络中主机的 IP 地址。IP 地址在网络安全中是一个很重要的概念，如果攻击者知道了 IP 地址等于为他准备好了攻击目标，他就可以向这个 IP 地址发动各种的攻击。隐藏 IP 地址的主要方法就是使用代理服务器。使用代理服务后，其他用户只能探测到代理服务器的 IP 地址，这样就保证了用户上网的安全。

2. 关闭不必要的端口

黑客在入侵时常常会扫描计算机的各个端口，如果安装了端口监视程序，入侵监视程序就会报警。可用工具软件关闭用不到的端口，例如用“Norton Internet Security”关闭用来提供网页服务的 80 和 443 端口。

3. 更换管理员账户

Administrator 账户拥有最高的系统权限，一旦该账户被人利用，后果不堪设想，建议重新配置 Administrator 账号。首先为 Administrator 账户设置一个强大复杂的密码，然后重命名 Administrator 账号，再创建一个没有管理员权限的 Administrator 账户欺骗入侵者，这样在一定程度上减少了危险性。

4. 杜绝 Guest 账户的入侵

Guest 账户就是所谓的来宾账户，可以访问计算机并受限，但是 Guest 账户也为黑客打开了方便之门，禁用或者彻底删除 Guest 账户是最好的办法。

5. 封死黑客的“后门”

俗话说“无风不起浪”，既然黑客能进入，说明系统一定再为他们打开“后门”，只要将此堵死就可以了。

1) 删掉不必要的协议

对于服务器和主机来说，一般只安装 TCP/IP 协议就够了，卸载其他不必要的协议，其中 NetBIOS 是很多安全缺陷的源泉。对于不需要提供“文件和打印共享”主机，可以将绑定在 TCP/IP 协议的 NetBIOS 给关闭，避免对其攻击。

2) 关闭“文件和打印共享”

文件和打印共享是一个非常有用的功能，但在不需要它的时候，它也是引发黑客入侵的安全漏洞。即使确实需要共享，应该为共享资源设置访问密码。

3) 禁止建立空链接

在默认的情况下，任何用户都可以通过空链接连上服务器，枚举账号并猜测密码，因此必须禁止建立空链接。

6. 做好 IE 的安全软件

Activex 控件和 Java Applets 有较强的功能，但也存在被人利用的隐患，网页中的恶意代码往往就是利用这些控件编写小程序，只要打开网页就会被运行。所以要避免恶意的网页的攻击，只有禁止这些恶意代码的运行。IE 对此提供了多种选择，具体设置步骤是“工具”→“Internet 选项”→“安全”→“自定义级别”。另外，在 IE 的安全性设定中可以设定 Internet、本地 Intranet、受信任的站点、受限制的站点，禁止所有站点的访问。

7. 安装必要的安全软件

在计算机中安装并使用必要的防黑软件，安装杀毒软件和防火墙，设置为随计算机启动而启动，尤其注意在连接互联网时一定要保持这些软件的运行。

8. 防范木马程序

木马程序会窃听所植入计算机中的有用信息，防止被黑客植入木马程序常用的方法有：

(1) 在下载文件时先放到自己新建的文件夹，再用杀毒软件来检测，起到提前预防的作用。

(2) 在“开始”→“程序”→“启动”或“开始”→“程序”→“Startup”选项里看是否有不明的运行项目。如果有，删除即可。

(3) 将注册表里的 KEY_LOCAL_MACHINE\SOFTWARE\Microsoft\Windows\CurrentVersion\Run 下的所有以“Run”为前缀的可疑程序全部删除即可。

9. 不要回陌生人的邮件

有些黑客可能会冒充某些正规网站的名义，然后编个冠冕堂皇的理由寄一封要求输入上网用户名称和密码。如果按下“确定”，账号和密码就进了黑客的邮箱，所以不要随便回复陌生人的邮件，即使他说的再动听再诱人也不要上当。

10. 防范间谍软件

如果想彻底地把 Spyware 拒之门外看，请按照以下步骤来做：

(1) 断开网络连接并备份注册表和重要用户数据信息；

(2) 下载反间谍软件；

(3) 扫描并清除；

(4) 安装防火墙；

(5) 安装反病毒软件。

第2章 网络扫描

网络在人们生活中占据了越来越重要的位置，人们以各种方式访问网络，在享受网络带来的方便的同时，也越来越多地感受到网络安全所潜在的和已带来的问题。

作为一个用户，自己的主机是否安全？作为网络管理员，所管理和维护的网络是否安全？解决这些问题，除了及时打上操作系统的最新补丁以及安装防火墙和防病毒软件之外，是否还有别的方法呢？答案很简单，就是以一个访问者的角度，全面审视一下自己的网络有什么、没有什么，还有哪些缺陷或漏洞，这正是网络扫描的主要功能之一。

网络扫描的使用者不同，扫描的目的和范围也不同。如前所述，用户和网络管理员所关注的扫描目的和范围就有很大的不同。扫描的目的不同，扫描的原理当然也不相同，同时，客观上由于扫描程序所在的主机、要扫描的主机不同，操作系统不同，配置不同，而使用的扫描器、扫描方式也会不尽相同。正因由此，可以发现网络扫描是一个综合的技术领域。当然，根据实际情况，具体问题可以具体分析，也可以看出任何一项扫描技术都具有一定的局限性。

网络扫描不是自网络出现就专门设计的一种应用服务，而是当网络发展到一定阶段后，不同程序设计者根据不同的需求而产生的。由于网络扫描不是一种通用的应用服务，所以并没有产生相应的行业标准。纵观整个网络扫描史，可以分为手工扫描、使用通用扫描工具、设计专用扫描工具三个阶段。

本章还对当前仍然广泛存在的几个与网络扫描有关的漏洞进行了简述。

2.1 网络安全的概念

网络安全是指网络中的硬件系统、软件系统及其系统中涉及的数据因受到预设的保护，而可以连续、可靠、正常地运行，并不因偶然事故或者恶意处理而遭受破坏、非法更改、信息泄漏。从其本质上来讲，网络安全就是网络上的信息安全和服务安全；从广义来说，凡是涉及网络上信息的保密性、完整性、可用性、真实性和可控性的相关技术和理论，都是网络安全的研究领域。网络安全涉及计算机技术、网络技术、通信技术等多种技术，是一门汇集信息论、密码学、数论等多种学科的综合性学科。

网络安全更多看重的是应用实践,因为实践才是检测网络安全的唯一标准。由于网络安全涉及网络的所有方面，故网络安全的关键在于培养网络用户的安全意识。只有用户具备良好的安全意识，各网络安全工具才能更好地结合，产生最佳效果。

2.2 网络扫描的概念

网络扫描是根据对方服务所采用的协议，在一定时间内，通过自身系统对对方协议进行特定读取、猜想验证、恶意破坏，并将对方直接或间接的返回数据作为某指标的判断依据的一种行为。网络扫描具有如下特点：

(1) 网络扫描器几乎全部是客户端一方的程序，所针对的对象绝大多数是服务器方。

(2) 网络扫描通常是主动的行为，绝大多数网络扫描器的扫描行为都是在或希望在服务器不知情的情况下偷偷进行。通常在扫描器的设计中，扫描行为应尽可能地避免被服务器察觉。所以扫描器通常不会对被扫描的主机有过多的要求，只能主动适应服务器的各项要求。

(3) 网络扫描通常具有时限性。该时限虽然没有一个明确的界限，但一般来说都是接近扫描的最快速度。如果某个用户每隔几个小时访问一下公司的网站主页，则不能算是扫描。

(4) 扫描几乎都是要用工具进行，操作系统提供的程序并不都具有扫描的各项要求。

(5) 扫描的目的一般是对预先的猜想进行验证或采集一些关心的数据。

(6) 不可回避的一点就是，网络扫描更多地被黑客用于选择攻击目标和实施攻击，并且由于扫描自身的特点，通常被认为是网络攻击的第一步。

2.2.1 服务和端口

生活中的“服务”是指为他人做事，并使他人从中受益的一种有偿或无偿的活动。该活动通常不以实物形式，而是以提供“活劳动”(物质资料的生产过程中劳动者的脑力和体力的消耗过程)的形式满足他人某种特殊需要。

网络中的“服务”是指某主机按预先定义的协议和一些国际标准、行业标准，向其他主机提供某种数据的支持，并且称服务提供者为“服务器”(Server),

称服务请求者为“客户端”(Client)。与生活中的服务相比，网络上的服务更强调的是协议，即双方必须具有相同的协议，才能进行交流。

一台主机可以安装多个服务，这些服务可以是相同的服务，也可以是不同的服务。为了区分这些服务，引入“端口”(Port)这个概念，即每一个服务对应于一个或多个端口。端口具有独占性，一旦有服务占用了某个端口，通常情况下另外的服务不能再占用这个端口。

根据 Berkeley 套接字的约定，端口名称用一个 2B(16b)的无符号整数来表示，范围为 0～65535，共 65536 个。其中：端口名称在 0～1023 之间的端口习惯上称为“熟知端口”(well-knownport)，主要用于一些公用的并得到国际互联网数字分配机构(Internet Assigned Numbers Authority，IANA)公认的服务；端口名称在 1024～49151 之间的端口称为“登记端口”，主要用于服务类而又不属于熟知端口的程序使用；端口名称在 49152～65535 之间的端口称为“临时端口”，是指任何程序都可以临时使用的端口。原则上，1024～65535 之间的端口，只要不出现冲突，用户程序可以根据情况随时使用。

需要说明的是，由于习惯问题和历史原因，有很多术语产生了混淆。例如，在计算机的整机设计和生产时，常常将主机区分为“服务器”(Server)和“工作站”(Work Station)，二者从整体设计、部件生产、整体检测方式上都有所不同。服务器通常是无人值守，并需要每周 7×24h 正常运转，所以优先考虑的是 CPU 性能、内存容量、网络吞吐量；而工作站则主要是由用户来操作的，因此更多关注的是显示效果、音频效果等。

工作站所对应的、硬件上的服务器(下面称为主机)与上述客户端所对应的服务器(下面称为服务端或服务器端)没有必然的对应关系。TCP/IP 协议虽然规定了各个协议的实现细节，但并没有硬性地规定应用程序应如何与协议软件进行交互。因此，实际上所说的服务端和主机之间没有一个对应关系。主机是一个硬件的概念，是一台物理设备；而服务端是指一组软件系统，一台主机上可以安装多个服务器软件来提供服务，而某个服务端也可以由几台计算机通过软件进行捆绑后实现。可以看出，一个普通主机装上服务端软件，即可以作为一个服务端向客户端提供服务，一台服务器的主机向另一台服务端请求服务的时候，它是作为一个客户端的身份出现的。对于一台主机而言，它既可以是服务端，也可以是一个客户端。

另一个软件和硬件名称出现混淆的就是“端口”。即使是在计算机的物理硬件上，也有两个混用的“端口”。一个是计算机连接其他的外部设备的外部物理接口，一般来说统称为端口，如计算机或交换机、路由器等物理设备面板上的 RJ-11 端口(接电话线的 Modem 口)、RJ-45 端口(以太网网口)、RS232 端口(早期的串行设备接口)等；另一个是专指计算机上的 RS232/RS482 接口，并且都使用端口(Port)作为其名称。而这里所指的端口则是逻辑上的端口，是专指通过 RJ-45 以太网网口连接以后，利用协议进行区分的逻辑上的一个值。由此可见，访问网络上的一个指定的服务至少需要知道 IP 地址和端口两个要素，即

Socket 地址=(IP 地址：Port 端口号)

要想让客户端访问服务器，必须同时将 IP 地址和端口二者公布于众，缺一不可；否则客户端将不知道该到哪台主机或某台主机的哪个端口上访问服务，即：

连接=(Socket 地址 1，Socket 地址 2)=(IP 地址 1：Port 端口，IP 地址 2：Port 端口 2)

在对端口的状态描述中，各种称谓都有，有的用“开”和“不开”，有的用“激活”和“关闭”，有的用“开”和“关”，鉴于所表示的意义完全一致，因此本书统一称为“开”和“关”。“开”即表示有对应的服务程序通过该端口向外界提供相应服务，只要外界使用满足这一端口的协议访问该端口，就可以得到相应的服务；而“关”则表示对应的服务程序没有安装或当前没有处于运行状态，即使在客户端运行相应访问请求的程序，仍无法得到结果。例如，运行浏览器 IE(Internet Explorer)，并在地址栏输入一个不提供 WWW 服务的 IP 地址后，IE 就会得到回复“访问出错”。

2.2.2 网络扫描

扫描源于物理术语，是通过对一定范围内的光或电信号进行检测处理，然后以数值或图形方式进行展示的一个操作。网络扫描也一样，是通过对一定范围内的主机的某种属性进行试探性地连接和读取操作，最终将结果展示出来的一种操作。

端口具有独占性，一旦一个服务使用了某个端口，则另外的服务不能再使用这个端口。端口的占用原则是：先申请的先使用，后申请的在申请时报错。同时，上述的这种对应关系，只是一种约定，但任何操作系统都没有强制软件遵照执行，因此在使用时存在如下几个情况：

(1) 某个主机不向外界提供 WWW 服务，所以该主机的 80 端口是空闲的。但该主机上的另一个不提供 WWW 服务的程序使用了 80 端口。因此，该主机 80 端口是对外打开的，但不提供 WWW 服务。

(2) 某主机虽然提供 WWW 服务，但该主机并不想让别人都知道该主机提

供该服务，于是该主机的管理员将该主机上的 WWW 服务的端口由默认的 80 端口，改为端口 8000，并将该端口告诉了允许访问的用户。在这种情况下，需要通过其他联系方式通知所有允许访问的主机。

(3) 某主机对外界同时提供基于 ASP 的 WWW 服务和基于 JSP 的 WWW 服务，二者虽然同为 WWW 服务，但运行机制、配置等各不相同，并且没有一个通用的软件能同时提供，且二者占用了同一个端口 80，于是该主机的管理员将 ASP 设定为 80 端口，而将 JSP 的端口设定为 8080 端口，并在双方主页上互相告知对方端口的存在。

有了服务，就相当于打开了某一个或几个指定的端口，客户端就可以通过 Socket 连接到服务器端，并获取服务。例如，某一台计算机配置了 WWW 服务，该服务默认的端口是 80，在客户端上打开浏览器(如 Microsoft 的 Internet Explorer)，输入该服务器的网址，就可以访问该服务器的服务。

但在某些时候，扫描有三种应用：

(1) 不知道远端的服务器是否提供 WWW 服务，或者虽然知道远端的服务器提供 WWW 服务，但该服务使用的不是默认的 80 端口，而是使用自己定义的端口，那么怎么知道对方是否提供 WWW 服务，并且该服务在哪个端口呢？该操作就称为服务扫描。

(2) 并不想知道远端的服务器是否有某一个具体的服务，只想知道对方服务器都有哪些服务，可以通过扫描对方所有打开的端口实现，该操作称为端口扫描。

(3) 对于一批计算机，想知道这些计算机是否提供某个服务，或这些计算机都打开了哪些端口，这种操作称为批量扫描。

由此可见，所谓的网络扫描，就是一方通过某种协议，在目标主机不需知情的情况下，对其实施的一种获取想要的信息或通过读取的信息验证预想的行为过程。在此概念中有两个含义：

(1) 网络扫描中，目标主机可以知情，也可以不知情，不是一种双方预商量的行为。

(2) 扫描的目的无论是读取信息，还是想验证某一个事先的预想，其目的都是作为下一步行动的参考。因此，网络扫描往往不是一次单独的行动，之后通常会有下一步的操作。

2.3 网络扫描原理概述

根据扫描的概念可以发现：当一个主机向一个远端服务器的某个端口提出建立连接的请求时，如果对方有此项服务就会应答；如果对方未安装此项服务，即使向相应的端口发出请求，对方仍无应答。客户端向服务端发出请求的过程见图 2-1。利用这个原理，如果对所有熟知端口或自己选定的某个范围内的熟知端口分别建立连接，并记录下远端服务器所给予的应答，通过查看记录就可以知道目标服务器上都安装了哪些服务，这个过程就称为端口扫描，所使用的程序称为扫描程序。通过端口扫描，可以搜集到很多关于目标主机的很有参考价值的信息，例如对方是否提供 FTP 服务、WWW 服务或其他服务。

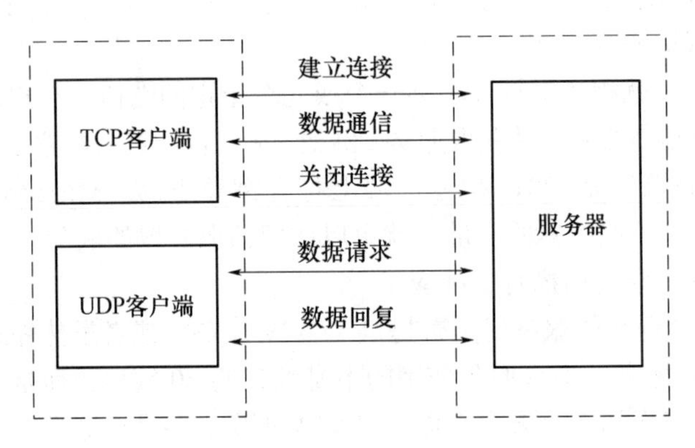

图 2-1　网络 TCP/UDP 扫描示意图

2.4　扫描编程与客户端编程的区别

同样是网络编程，同样采用 C/S(客户端/服务器)模式，在网络通信中的角色也相同，所以网络扫描编程属于客户端编程的一种，但又不完全等同于客户端编程。为了区分，下面分别用扫描程序和客户端程序称呼二者。

与客户端程序相比，网络扫描程序具有一定的特殊性，主要体现在：

(1) 对服务端的要求不同。从实际的编程角度来看，如果是普通客户端程序的开发，客户端的开发者与服务器的开发者首先需要共同协商以决定通信时采用什么协议等细节；而扫描程序的开发者则需要通过已有的协议或猜测、试探等方式决定采用什么技术，故扫描程序对服务器端是没有要求的。同时，扫描程序的扫描结果也常具有不可预知性。

(2) 扫描具有全部或局部的“遍历”性，客户端具有针对性。普通客户端的开发者一旦确定了需求，剩下的就是按需求去实现各功能的细节；而扫描程序的开发者则通常通过对全部或局部进行功能遍历，以验证自己的猜测或获得更多更详细的数据。

(3) 对服务器的服务支持程度不同。客户端连接服务器的目的是为了让客户端用户能远程地使用服务器所提供的各项功能。因此，通常客户端程序要支持所有的命令，有些命令哪怕只有极少数机会被用到，客户端也必须提供支持；而扫描程序则只需要支持和使用所需要的最少的几个命令。

2.5 网络扫描的目的

网络服务本身就是一种“广而告之”的通信方式，如果提供者不将自身提供的服务告诉别人，别人当然也无所知晓，更谈不上使用。但实际应用中，则有各种可能情况。例如，网络服务的提供者只想让一部分人访问，而不是所有人都能访问；再如，随着计算机系统越来越复杂，有时运行一项功能，会默认自动地打开某个服务。

不同的扫描目的，对扫描器的要求也不一样。有些用户只需要知道某个端口的开关状态，或者只想了解某一段端口内有哪些是开着的，从而判断对方主机的大概作用。而有些用户不但要知道某一端口的开关状态，而且还要知道对方所开的这个端口是否提供了默认情况下该端口所应该提供的服务。还有些用户需要知道若干的指定端口是否同时开或同时关，因为有些服务同时占用了多个端口，如 NetBIOS 服务同时占用了 137、138、139 三个端口，如果只是其中部分端口开着，不但表明对方没有提供 NetBIOS 服务，还表明对方有不符合标准的程序正在使用熟知端口。

扫描的目的一般包括：

(1) 获取某范围内的端口某未知属性的状态。这种情况下，一般是不知道对方情况，只是想通过扫描进行查找。例如，通过扫描检测某个网段内都有哪些主机是开着的。

(2) 获取某已知用户的特定属性的状态。这种情况下，一般是有明确的目标，有明确要做的事，下面只是查找一下某些属性。例如，通过扫描检测指定的主机中哪些端口是开的。

(3) 采集数据。在明确扫描目的后，主动地采集对方主机的信息，以便进行下一步的操作。例如，没有预定目的地扫描指定的主机，判断该主机都有哪些可采集的数据。

(4) 验证属性。在明确扫描目标，并且知道对方具有某个属性的情况下，只是通过扫描验证一下自己的想象，然后决定下一步的操作。例如，通过扫描指定的服务，验证对方是否是类操作系统。

(5) 发现漏洞。通过漏洞扫描，主动发现对方系统中存在的漏洞，如扫描对方是否具有弱密码。

扫描的用户主要为三大类：网络管理员、黑客、普通用户。他们对网络使用的角度不同，所以扫描的目的也各不相同，见表 2-1。

表 2-1　端口扫描用户类别和扫描目的

用户类别	扫描目的
网络管理员	通过扫描自身网络，发现漏洞，从而关掉不用的端口，安装漏洞补丁程序，判断网内主机是否按要求操作，如学校的网管判断学生是否改了 IP 地址
黑客	利用扫描，采集数据，发现漏润，为进行攻击做准备
普通用户	查找网内的可用资源，判断网内主机开机状况，判断服务器是否提供某一服务

2.6　网络扫描算法

在实际扫描器编写过程中，除了有各种技术的选择之外，还需要选择合适的扫描算法。究竟使用哪些扫描算法，完全取决于扫描的目的，因为这些算法有些可以提高扫描效率，有些可以增加扫描准确度或扫描隐蔽性，有些甚至可能牺牲某些优点而获得所需要的特性。

2.6.1　非顺序扫描

对于已有的扫描器，几乎都无一例外地使用增序扫描，即对所扫描的端口自小到大依次扫描。殊不知，这一扫描方式可以被对方的防火墙或入侵检测系统(Intrusion Detection System，IDS)作为判断正被扫描的特征。尽管多线程会使这一特征发生少量的变化，但从整体效果上看，仍然显示为增序现象。

改变增序特征并不难，一般有如下几种非顺序扫描算法。

1. 逆序扫描算法

顾名思义，逆序扫描就是在扫描的时候，采用从大到小的逆序方式依次扫描。

2. 随机重排扫描算法

随机重排扫描即重新排列要扫描端口的顺序。在新排的顺序中，为了避免漏掉或重复使用某一端口，可以采用互换位置的方式进行。这可以用一个数组和随机数产生函数 rand 来实现，具体程序代码如下：

```
#define MAXPORTCOUNT 65536
WORD *NewSort(WORD wBegin, WORD wEnd)
{
```

```
WORD buff[MAXPORTCOUNT]={0};
WORD count=wEnd-wBegin,i,wTemp,wRand;
if(count<0) return NULL;
srand(time(NULL));
for(i=0;i<=count;i++)
    buff[i]=wBegin+i;
    for(i=0;i<=count;i++)
    {
        wRand=rand()%count;
     wTemp=buff[i];
     buff[i]=buff[wRand];
     buff[wRand]=wTemp;
    }
    return (WORD *)buff;
}
```

利用这段程序可以保证打乱后的端口顺序不被遗漏，也不会重复，而新的顺序完全是随机分布的。采用这个顺序进行扫描的时候，对方防火墙在监测到某个端口连接时，无法立即对下一个要连接的端口进行预测，从而使“基于通过连续端口被连接算法进行扫描判断”的方式失效。

3. 线程前加延时扫描算法

为了提高扫描速度，很多扫描算法都采用多线程扫描。在 Windows 中，同级别的扫描线程通过抢占方式获得优先使用权，各个线程理论上没有先后之别，但考虑到创建时总要有一定顺序，因此在运行中即使偶尔相邻的两个线程顺序会做出调整，整体上各线程之间也有先后的顺序。

一个简单的算法就是在每一个线程中，扫描函数开始之前挂起一个随机的时间，这样会在不影响各线程创建时间的前提下，调整各线程中扫描的顺序。具体的方法就是在线程的开始加一行代码：

```
Sleep(rand( )%5000); //假设每个线程挂起时间是 5s 以内的一个随机数
```

2.6.2 高速扫描

随着网络的迅速发展，一个部门内部的网络系统规模迅速扩大，有的达到成百上千节点。对如此规模的目标进行全面的扫描，要求扫描工具的速度非常快，于是出现了各种各样的高速扫描技术。常见的高速扫描算法有多线程并行扫描技术、基于知识库(Knowledge Base，KB)技术、将扫描和判断分离的技术。

多线程的扫描技术贯穿本书，并应用于大多数的扫描器中，所以不再详述。

KB 技术是指把扫描过的主机信息存储起来，当下次扫描的时候，首先以上次的扫描结果作为参考，先对用户最关心的方面进行重新扫描，然后对其余部分进行扫描，这样既能提高扫描速度，又能有效降低占用的带宽。例如，某次扫描中，用户只关心原有“开”的端口是否仍处于开的状态，则只需要扫描上次记录中“开”状态的端口即可。

并不是所有扫描都可以使用多线程。在一些特殊扫描中，常规的 API 函数无法满足扫描的要求，这时需要采用非常规的方式。例如，扫描 UDP 某端口时，通过 sendto 函数发送数据包后，需要通过嗅探(Sniffer)技术读取 ICMP 协议，而嗅探可以接收任意数据包。因此采用多线程时，各线程的嗅探会因相互接收对方的回复包，而导致扫描结果出错。如果采用单线程，则需要不停地重复“发出探测包→接收结果→分析结果”这一流程，其中最耗时间的是发出探测包和接收结果。如果将发送和接收分开，发送只负责发送，接收操作统一进行，那么由发出探测包到接收结果之间的等待时间成为并行，从而可以大大提高扫描速度。

本书的大部分扫描实验都使用 Nmap 软件。Nmap 是一款开源免费的网络发现(Network Discovery)和安全审计(Security Auditing)工具。Nmap 是 Network Mapper 的简称，最初是由 Fyodor 在 1997 年开始创建的。随后在开源社区众多的志愿者参与下，该工具逐渐成为最为流行的安全必备工具之一。

高速扫描实验主要利用 Nmap 软件，在设置不同的时间和线程方案下，验证时间因素和线程因素对扫描速度的影响。

默认的情况下，Nmap 用 1/5s 的时间扫描一台主机。扫描过程需要重点考虑网络带宽因素，一个带宽拥挤的网络环境，探测数据的发出和返回往往要花费很长的时间。Nmap 预定义了 5 种时间方案(T0～T5)，T0 延时最长的，T5 的延时最短。

采用-sP 可以在最短的时间内判断主机是否在线。如图 2-2 所示，210.26.24.15 是一台运行在 VMware 上的虚拟主机，210.26.24.16 是一台立华科技生产的网络设备。

2.6.3 分布式扫描

高速扫描主要依靠多线程实现，而分布式扫描则主要使用多台主机同时对目标主机进行扫描，参与的主机可以事先约定后主动加入，也可以被入侵后植入扫描程序。在实施扫描的时候，由主控主机向各参与的主机发送要扫描的主机 IP 地址和端口范围，然后所有主机同时向被测主机进行扫描。

```
[root@tsncjw ~]# nmap -sP 210.26.24.0/25

Starting Nmap 4.11 ( http://www.insecure.org/nmap/ ) at 2014-06-19 16
Host dnsone.tsnc.edu.cn (210.26.24.1) appears to be up.
MAC Address: 00:22:46:0F:32:CD (Unknown)
Host tssns.tsnc.edu.cn (210.26.24.2) appears to be up.
MAC Address: 00:22:46:0D:AF:0E (Unknown)
Host tsnc6.edu.cn.tsnc.edu.cn (210.26.24.9) appears to be up.
MAC Address: 00:30:48:F2:66:7C (Supermicro Computer)
Host virus.tsnc.edu.cn (210.26.24.10) appears to be up.
MAC Address: 00:0C:29:F0:2C:28 (VMware)
Host tejy.tsnc.edu.cn (210.26.24.12) appears to be up.
MAC Address: 00:30:48:24:80:DA (Supermicro Computer)
Host 210.26.24.13 appears to be up.
MAC Address: 00:0C:29:19:E6:72 (VMware)
Host 210.26.24.14 appears to be up.
MAC Address: 00:0C:29:9C:FC:B6 (VMware)
Host 210.26.24.15 appears to be up.
MAC Address: 00:0C:29:99:6F:35 (VMware)
Host 210.26.24.16 appears to be up.
MAC Address: 00:90:0B:1B:40:E2 (Lanner Electronics)
Host 210.26.24.20 appears to be up.
MAC Address: 00:1D:09:24:01:AD (Unknown)
Host email.tsnc.edu.cn (210.26.24.25) appears to be up.
MAC Address: 00:30:48:F2:6A:46 (Supermicro Computer)
Host www.tsnc.edu.cn (210.26.24.26) appears to be up.
MAC Address: 00:25:90:19:8D:BD (Unknown)
Host 210.26.24.51 appears to be up.
MAC Address: F8:0F:41:F4:EE:F7 (Unknown)
Host vod.tsnc.edu.cn (210.26.24.53) appears to be up.
MAC Address: 3C:E5:A6:E2:6E:B3 (Unknown)
```

图 2-2　快速扫描网段主机

这种扫描方式最大的优点是速度快，而且由于扫描信息包来自不同的 IP 地址，所以被扫主机的防火墙会因为不像一次扫描行为而无法判断。如果不考虑扫描的目的，DDOS 其实也可以认为是分布式扫描方法之一。

2.6.4　服务扫描

端口扫描只能扫描出端口的开关状态，而无法判断端口所对应的服务是否为该端口所具有的默认服务。服务扫描则是直接对服务进行扫描，并通过服务的存在与否，间接地判断端口是否处于“开”状态。同时，服务扫描本身也是一种需求。

2.6.5　指纹识别算法

现在，操作系统种类繁多，且版本更新的速度越来越快，想要了解某个远程主机的更多信息，则可以通过操作系统指纹识别算法判断对方所用的操作系统类型，甚至是版本号。所谓指纹识别技术就是与目标主机建立连接，并发送某种请求，由于不同操作系统以及相同操作系统不同版本所返回的数据或格式不同，这样根据返回的数据就可以判定目标主机的操作系统类型及版本。

通常的指纹识别算法有两大类。一类是通过操作系统提供的服务进行判断。各主流操作系统都内嵌一些服务器软件，常见的如 FTP、Telnet、HTTP 和 DNS

服务器，这些软件都会在欢迎信息、版权声明、命令回复中或多或少地透露自身的版本号，从而间接地反映出操作系统的类型和版本号。但这种方式也有不足之处，就是这些信息有些不准，甚至是错误的。另一类就是根据一些协议实现上的细微差别进行判断，如 TCP、FIN 扫描等。

正常而言，操作系统对 TCP/IP 的实现，都严格遵从 RFC 文档，因为只有遵从相同的协议才能实现网络通信。但是在具体实现上还是有略微的差别，这些差别是在协议规范之内所允许的，大多数操作系统指纹识别工具都是基于这些细小的差别进行探测分析的。

Nmap 拥有丰富的系统数据库 nmap-os-db，目前可以识别 2600 多种操作系统与设备类型。具体实现方式如下：

(1) Nmap 内部包含了 2600 多种已知系统的指纹特征(在文件 nmap-os-db 文件中)。将此指纹数据库作为进行指纹对比的样本库。

(2) 分别挑选一个 open 和 closed 的端口，向其发送经过精心设计的 TCP/UDP/ICMP 数据包，根据返回的数据包生成一份系统指纹。

(3) 将探测生成的指纹与 nmap-os-db 中指纹进行对比，查找匹配的系统。如果无法匹配，以概率形式列举出可能的系统。

下面使用 Nmap 进行操作系统探测。使用 Nmap 进行操作系统识别最简单的方法为使用-O-V 参数，详细输出扫描情况。

如图 2-3 所示，在 Windows XP 下使用 Nmap 扫描 Windows 主机，5 秒钟以内判断出被扫描主机的操作系统版本为 Microsoft Windows XP SP2。

```
Device type: general purpose
Running: Microsoft Windows XP
OS CPE: cpe:/o:microsoft:windows_xp::sp2
OS details: Microsoft Windows XP SP2
```

图 2-3　在 Windows XP 下使用 Nmap 扫描 Windows 主机

如图 2-4 所示，在 Windows XP 下使用 Nmap 扫描 Linux 主机，无法判断该主机操作系统的版本的情况。

```
OS:SCAN(V=6.46%E=4%D=6/18%OT=22%CT=1%CU=33345%PV=N%DS=5%DC=I%G=Y%TM=53A14F6
OS:8%P=i686-pc-windows-windows)SEQ(SP=C1%GCD=1%ISR=CB%TI=Z%CI=Z%II=I%TS=A)O
OS:PS(O1=M4B4ST11NW7%O2=M4B4ST11NW7%O3=M4B4NNT11NW7%O4=M4B4ST11NW7%O5=M4B4S
OS:T11NW7%O6=M4B4ST11)WIN(W1=16A0%W2=16A0%W3=16A0%W4=16A0%W5=16A0%W6=16A0)E
OS:CN(R=Y%DF=Y%T=3F%W=16D0%O=M4B4NNSNW7%CC=N%Q=)T1(R=Y%DF=Y%T=3F%S=O%A=S+%F
OS:=AS%RD=0%Q=)T2(R=N)T3(R=N)T4(R=Y%DF=Y%T=3F%W=0%S=A%A=Z%F=R%O=%RD=0%Q=)T5
OS:(R=Y%DF=Y%T=3F%W=0%S=Z%A=S+%F=AR%O=%RD=0%Q=)T6(R=Y%DF=Y%T=3F%W=0%S=A%A=Z
OS:%F=R%O=%RD=0%Q=)T7(R=N)U1(R=Y%DF=N%T=3F%IPL=164%UN=0%RIPL=G%RID=G%RIPCK=
OS:G%RUCK=G%RUD=G)IE(R=Y%DFI=N%T=3F%CD=S)
```

图 2-4　在 Windows XP 下 使用 Nmap 扫描 Linux 主机

如图 2-5 所示，在 Linux 系统下使用 Nmap 扫描网络中的主机，分析出这是一台 H3C 网络设备。

```
MAC Address: 3C:E5:A6:CE:28:71 (Hangzhou H3C Technologies Co.)
Aggressive OS guesses: 3Com 4200G or Huawei Quidway S5600 switch (96%), 3Com Sup
erStack 3 Switch 4500 (96%), Huawei AR 28 router (94%), 3Com 4210, or Huawei Qui
dway S3928P-EI or S5624F switch (VRP 3.10) (94%), 3Com 4500G switch (94%), 3Com
8810 switch (91%), 3Com SuperStack 3 Switch 4500 or Huawei Quidway AR 18-32 ADSL
 router (91%), Roku SoundBridge M500 or M1000 music player (90%), Huawei MA5200
router (90%), TiVo series 1 (Sony SVR-2000 or Philips HDR112) (Linux 2.1.24-TiVo
-2.5, PowerPC) (89%)
```

图 2-5　在 Linux 系统下使用 Nmap 扫描网络中的主机，分析出这是一台 H3C 网络设备

2.6.6　漏洞扫描

大部分网络扫描的目的是获得对方信息，为下一步操作做出判断；漏洞扫描则直接提供了攻击对方的方法。漏洞扫描器是所有扫描器中应用针对性最强、时效性最差的一种扫描器。前者是说通常某漏洞扫描器只针对某一应用，甚至要精确到某一软件的某一版本；后者是说一旦这种扫描算法或原理公开，则该漏洞很快会被开发人员补上，导致该扫描器失效。但由于其针对性最强，所以也最具攻击性。漏洞扫描的另外一种表现形式就是“安全扫描”，因为有些安全选项设置错误，本身也相当于漏洞，如“允许匿名登录”、“网络某服务不需要认证”等选项设置。

网络上的 Web 服务器漏洞广泛存在，而且近期的网络安全事件大多和 Web 漏洞有关。这里使用一款流行的漏洞探测软件，扫描目标 Web 服务器，用来验证 Web 漏洞的存在。

Nikto 是一款扫描指定主机的 Web 类型、主机域名、特定目录、Cookie 信息、特定 CGI 漏洞、XSS 漏洞、SQL 漏洞、返回主机允许的 HTTP 方法等安全问题的工具。

以在某校园网内进行漏洞扫描实验为例。为了保护隐私，具体的 IP 地址最后几位进行模糊处理，实验过程如图 2-6 所示。通过漏洞扫描，发现该网站存在 XST 漏洞，以及 Web 服务器软件版本较低的问题。

```
+Target IP: 210.26.24.56
+Target Hostname:ftp.tsnc.edu.cn
+Target Port:80
+Start Time: 2014-06-19 15:42:11(GMT8)
-----------------------------------------------------------------------------------------------
+Server:Apache/2.2.3(Red Hat)
+Retrieved x-powered-by header: PHP/5.3.8
+Apache/2.2.3 appears to be outdated
+OSVDB-877:HTTP TRACE method is active, suggesting the host is vulner
able to XST
```

图 2-6　使用 Nikto 软件进行漏洞扫描

2.6.7 间接扫描

间接扫描的思想是利用第三方的IP(欺骗主机)来隐藏真正扫描者的IP。由于扫描主机会对欺骗主机发送回应信息，所以这种扫描的使用者必须具有监控欺骗主机的能力，以便获得原始扫描的结果。

2.6.8 秘密扫描

正常情况下的扫描有时会被对方的防火墙或入侵检测系统(IDS)监测到，所以有些扫描器通常采用秘密扫描方式进行扫描。最典型的例子就是，扫描程序通过采用非正常和非常规的方式，试探协议在网络较差情况下的容错技术，通过这些容错技术的不同反馈达到扫描的目的。这种方法由于没有完成正常的操作，所以对方不会认为是一种扫描或攻击，而只会认为是一次网络错误的发生，从而不会被记录下来，这相当于绕过了对方的安全机制，故称为秘密扫描。

由于部分反馈方式在协议中没有明确的规定，所以不同的操作系统在实现的时候并不完全相同，因而扫描效果也不尽相同。多数秘密扫描方式通常适用于目标主机是操作系统的情形，而对于系列的操作系统，由于Windows不论目标端口是否打开，操作系统都发送相同的反馈数据包，因而导致大部分秘密扫描算法无效，但这也同时给指纹识别扫描算法提供了素材。

2.6.9 认证扫描

认证扫描是利用认证协议的特性，通过判断获取到的监听端口的进程特征和行为，获得扫描端口的状态。认证扫描尝试与一个TCP端口建立连接，如果连接成功，扫描器发送认证请求到目标主机的端口，同时获取运行在某个端口上进程的用户名(UserID)，从而达到扫描的作用。

2.6.10 代理扫描

当前的很多企业内部网，考虑到各种因素影响，需要通过代理服务器访问外网，因而也就有了代理扫描。代理扫描需要在原有算法的基础上再加上一个与代理服务器的通信，当前代理服务器的协议主要是Socket5。在代理扫描方式下，所有的扫描看上去是对代理服务器的扫描，因为所有数据都通过Socket5封装后发给代理服务器，而代理服务器会将这些数据转发给被扫描的目标主机。这种扫描方式，在被扫描主机看来，是代理服务器本身在扫描自己，因而代理扫描难以反向跟踪。

与“间接扫描”不同的是，代理扫描源主机将数据发给代理服务器，代理服务器将“扫描”转发给目标主机，而代理服务器将目标主机的反馈也原封不动地转发回源主机，由源主机进行判断；间接扫描则是源主机控制了中间主机，由中间主机代为扫描，并判断出结果，源主机通过其他方式获得扫描结果。

2.6.11 手工扫描

手工扫描是指在没有任何专用扫描器的前提下，只利用操作系统提供的命令或自带的程序文件进行扫描。当前主流操作系统都提供 ping、nbtstat、netstat、net 等命令，这些命令虽然都不具有扫描的特性，但通过这些命令都可或多或少地获得很多信息。

严格上说，手工扫描根本就不能算是一种扫描算法。因为这些程序本身算法各异，并且大部分命令只针对某一应用而做，很难显现“扫描”的特点。但考虑其在某种特殊场合下也许是唯一的选择，故也将其列为一种算法。

2.6.12 被动扫描

以上几乎所有的扫描都属于主动探测模式，即发送刺探信息，然后根据对主机的反馈做出判断。这种模式最大的缺点就是首先要向对方发出刺探信息，这种信息本意是探测别人，但对方根据所发的信息，又能反向获得发送方的信息。这种模式在网络攻防“此消彼长、不进则退”的大环境中，有时不但检测不到对方真实的信息，反而会被对方反向监测。

被动扫描模式则不发送刺探消息，而只是监听。在这种模式下，扫描方从不或极少主动发送任何信息，只是按协议被动地搜集被扫描主机的敏感信息，最终达到扫描的目的。由于这种模式不主动发送信息，对方无法反向监测，因此这是一种非常安全的方式。

通常情况下，被扫描的主机不会主动联系扫描主机，所以被动扫描只能通过截获网络上散落的数据包进行判断。这些散落的数据包有多种形式，主要有：

(1) 被扫描主机通过广播方式向所有主机发送的数据包。

(2) 有些主机之间通过组播方式进行数据通信，而要扫描的主机只要加入到该组播中，便可监听各主机之间通过组播方式进行的所有通信。

(3) 即使是交换环境中，仍有大量数据包散布至各交换机端口，只是主机网卡在发现不是给本机的数据时直接扔掉。只要将网卡设成混杂模式(PromiscuousMode)，便可收到这些数据包。

1. 实验 1：使用嗅探器进行网络监听

嗅探器(Sniffer)是利用计算机的网络接口截获发往其他计算机的数据报文

的一种技术。它工作在网络的底层，把网络传输的全部数据记录下来。嗅探器可以帮助网络管理员查找网络漏洞和检测网络性能。嗅探器可以分析网络的流量，以便找出所关心的网络中潜在的问题。

不同传输介质网络的可监听性是不同的。一般来说，以太网被监听的可能性比较高，因为以太网是一个广播型的网络；微波和无线网被监听的可能性同样比较高，因为无线电本身是一个广播型的传输媒介，弥散在空中的无线电信号可以被很轻易地截获。

如前所述，将以太网卡设置成混杂模式，当主机工作在监听模式下，无论数据包中的目标地址是什么，主机都将接收(当然只能监听经过自己网络接口的那些数据包)。

在因特网上有很多使用以太网协议的局域网，许多主机通过电缆、集线器连在一起。当同一网络中的两台主机通信的时候，源主机将写有目的主机地址的数据包直接发向目的主机。但这种数据包不能在 IP 层直接发送，必须从 TCP/IP 协议的 IP 层交给网络接口，也就是数据链路层；而网络接口是不会区别 IP 地址的，因此在网络接口数据包又增加了一部分以太帧头的信息。在帧头中有两个域，分别为只有网络接口才能识别的源主机和目的主机的物理地址，这是一个不与 IP 地址相对应的 48 位的以太地址。

传输数据时，包含物理地址的帧从网络接口(网卡)发送到物理线路上。如果局域网是由一条粗缆或细缆连接而成，则数字信号在电缆上传输，能够到达线路上的每一台主机。当使用集线器(Hub)时，由集线器再发向连接在集线器上的每一条线路，数字信号也能到达连接在集线器上的每一台主机。当数字信号到达一台主机的网络接口时，正常情况下网络接口读入数据帧，进行检查，如果数据帧中携带的物理地址是自己的或者是广播地址，则将数据帧交给上层协议软件，也就是 IP 层软件，否则就将这个帧丢弃。对于每一个到达网络接口的数据帧，都要进行这个过程。

然而，当主机工作在监听模式下，所有的数据帧都将交给上层协议软件处理。而且，当连接在同一条电缆或集线器上的主机被逻辑地分为几个子网时，如果一台主机处于监听模式下，它还能接收到发向与自己不在同一子网(使用了不同的掩码、IP 地址和网关)的主机的数据包。也就是说，在同一条物理信道上传输的所有信息都可以被接收到。另外，现在网络中使用的大部分协议都是很早设计的，许多协议的实现都是基于一种非常友好的、通信双方充分信任的基础上，许多信息以明文发送。因此，如果用户的账户名和口令等信息也以明文的方式在网上传输，而此时一个黑客或网络攻击者正在进行网络监听，只要具有初步的网络和 TCP/IP 协议知识，便能轻易地从监听到的信息中提取出感兴趣的内容。同理，正确地使用网络监听技术也可以发现入侵并对入侵者进行追踪定位，在对网络犯罪进行侦查取证时获取有关犯罪行为的重要信息，成为打击网络犯罪的有力手段。

目前常用的嗅探器工具主要有 Wireshark、SnifferPro 等，下面以 Wireshark 为例介绍嗅探器的使用。

实验环境：网内设有三台主机，IP 地址分别为 192.168.11.1、192.168.11.2、192.168.11.10。其中，192.168.11.2 主机安装嗅探器软件 Wireshark，主机 192.168.11.10 上运行 FTP 服务器，如图 2-7 所示。

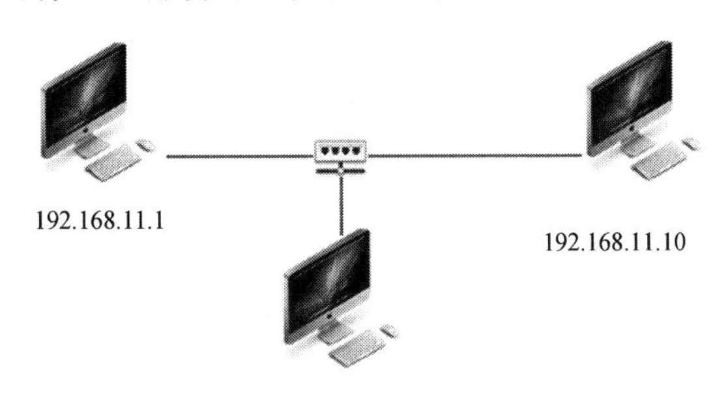

图 2-7　实验环境

用 Wireshark 捕获两络中传输的数据包，具体步骤如下：

(1) 单击 Whireshark 图标，激活 Whireshark 工具。

在主界面中，单击最下边一排的 Filter 按钮，打开过滤器的设置界面，这里可以根据需要选取或直接输入过滤命令，并支持 and/or 的功能连接。这里输入“ip.addr==192.168.11.1”，单击 OK 按钮配置结束，如图 2-8 所示。

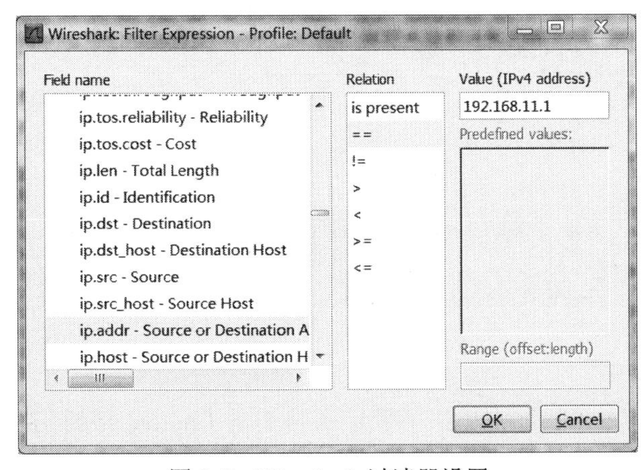

图 2-8　Wireshark 过滤器设置

(2) 单击菜单栏中的 Capture|Interface 查看可以进行监听的网络接口(这里可以直接单击右侧 Capture 按钮进行数据包的捕获)，如图 2-9 所示。

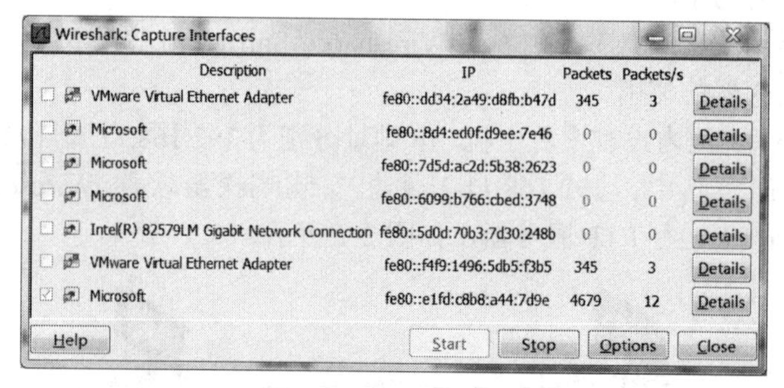

图 2-9　选择监听端口

(3) 单击需要监听接口的 start 按钮，进行监听接口的选择和设定，如图 2-10 所示为接口的详细信息。单击 Close 回到 Interface 界面。

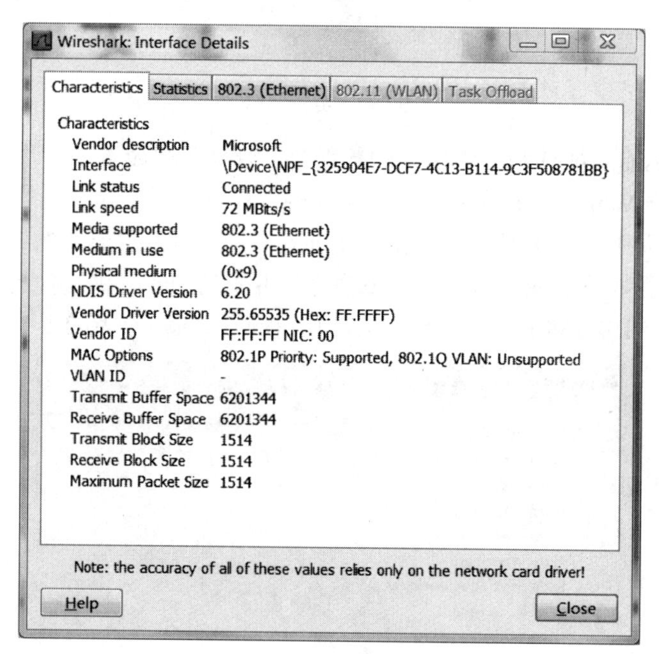

图 2-10　接口的详细信息

(4) 在 Interface 界面中单击需要监听接口的 Capture 按钮，进入网络嗅探状态，如图 2-11 所示。

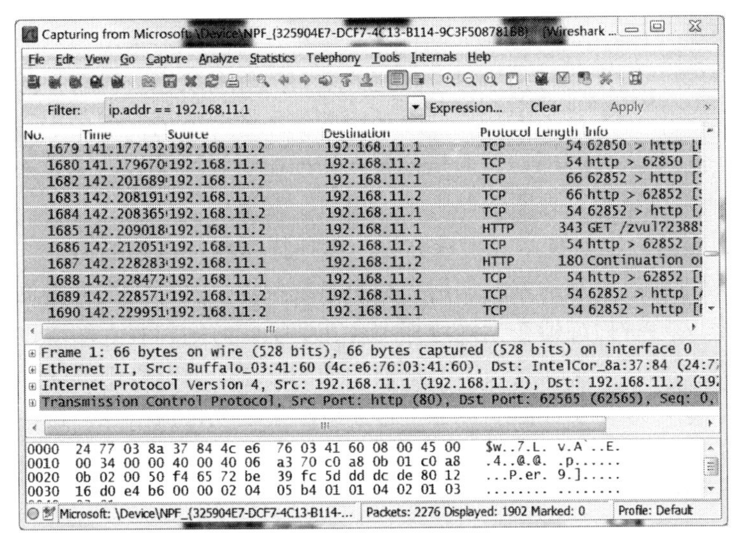

图 2-11　用 Wireshark 进行网络嗅探

(5) 当有需要的数据包出现或监听一段时间后，单击 Stop 按钮，结束监听并自动进入协议分析界面。

2.7　网络扫描器的分类

能够进行扫描的软件称为扫描器，不同的扫描器所采用的技术、算法、效果各不相同。根据扫描过程和结果，可以对扫描器进行分类。

(1) 根据扫描软件运行环境，可以分为 Unix/Linux 系列扫描器，Windows 系列扫描器、其他操作系统扫描器。其中：Unix/Linux 由于操作系统本身与网络联系紧密，使得此系统下的扫描器非常多，编制、修改容易，运行效率高，但由于 Unix/Linux 图形化操作较为复杂，故其普及度不高，因此只有部分人会使用；Windows 系统普及度高，使用方便，极易学习使用，但由于其编写、移植困难而数量不太多；其他操作系统扫描器因为这些操作系统不普及而使得这类扫描器难以普及。

(2) 根据扫描端口的数量，可以分为多端口扫描器和专一端口扫描器。多端口扫描器一般可以扫描一段端口，有的甚至能把六万多个端口都扫描一遍，这种扫描器的优点是显而易见的，它可以找到多个端口从而找到更多的漏洞，也可以找到许多网管刻意更换的端口。而专一端口扫描器则只对某一个特定端口进行扫描，并给出这一端口非常具体的内容，一般特定端口都是非常常见的端口，如 21、23、80、139。

(3) 根据向用户提供的扫描结果，可以分为只扫开关状态和扫描漏洞两种扫描器。前者一般只能扫描出对方指定的端口的开关状态，没有别的信息。这种扫描器一般作用不是太大，非熟知端口即使知道开或关，但由于不知道提供什么服务而没有太大的用途。而扫描漏洞扫描器一般除了告诉用户某一端口状态之外，还可以得出对方服务器版本、用户、漏洞。

(4) 根据所采用的技术，可以分为一般扫描器和特殊扫描器。一般扫描器在编制过程中通过常规的系统调用完成对系统扫描，这种扫描只是供网络管理员使用，因为这种扫描器在扫描过程中会花费很长时间，且无法通过防火墙，在被扫描机器的日志上还会留下大量被扫描的信息。而特殊扫描器则通过一些未公开的函数、系统设计漏洞或非正常调用产生一些特殊信息，这些信息使系统某些功能无法生效，却使扫描程序得到正常的结果，这种系统主要是由黑客编制的。

2.8 网络扫描技术的发展史

扫描技术本身并不是一个网络功能，而且在网络发展到一定阶段后随着扫描需求的产生而产生和发展。根据扫描技术的发展过程，可以把扫描分为手工扫描、使用通用扫描器、设计专用扫描器三个主要阶段。三个阶段互相重叠，没有明确的界限，由于扫描技术主要是由民间进行推进，所以目前也没有分类标准和判断标准。

2.8.1 手工扫描阶段

最简单、最原始的扫描方法就是手工扫描。所谓手工扫描就是通过要扫描服务的客户端与服务器进行连接，或通过其他的工具采用非常规的方式与服务器进行连接，从而验证对方是否打开了某个端口，提供了某个服务，或具有某个漏洞。在结果中，如果程序正常运行就表示该服务器提供此项服务，否则表示对方没有提供此项服务。

例如，要验证对方是否在 2121 端口提供文件传输服务(FTP 服务)，则可以使用操作系统自带的 FTP 客户端程序连接对方。以 Windows XP 为例，假设对方服务器的 URL 地址为“ftp.test.net”。一种办法是在命令行状态下输入“ftp ftp.test.net 2121”，如果对方提示输入用户名和密码，则表示服务器 ftp.test.net 的端口 2121 处于“开”状态，并且提供 FTP 服务，即使此时不知道用户名和密码，即不是合法用户，也足以验证对方提供了 FTP 这项服务。

另一种方法是由于 Windows 提供的 IE(Internet Explorer)浏览器内嵌有 FTP 功能，所以在 IE 浏览器的地址输入框中输入 ftp：//ftp.test.net：2121 可以验证同样的结论。

再如，想扫描 192.168.1.1～192.168.1.254 这段 IP 中哪些主机是开的，则可以通过一个批处理来完成，具体如下：

```
for/l%ain(11254)do(ping192.168.1.%a)
```

运行由上面一行命令所组成的批处理文件，则系统会自动按顺序依次不停地 Ping 每一台主机。

手工扫描的最大优点就是几乎不需要任何其他工具，方便、快捷，可以在任何一台主机上实验。但缺点也很明显，由于手工操作方式需要手工输入，因此需要使用者本身对要扫描的协议很了解，知道其原理，并且手工输入由于命令行功能有限，不可能快速、大范围地扫描。

在手工扫描时，有一个比较有效的办法，就是采用 Telnet 客户端进行验证，因为 Telnet 客户端是 Windows 自带的程序，并不需要额外安装，随便一台主机都可以直接使用。Telnet 登录对方系统后，不仅能输入有限的指令，还可以读取对方的返回信息。这一方便的特性，使手工扫描用户可以通过交换式操作，实时读取对方的关键信息，为下一步的判断提供准确的信息。

例如，要检测对方主机的 80 端口是否提供 WWW 服务，只需要在命令行中输入：Telnet<对方 IP 地址>80，则可以连接对方的 80 端口。如果连接失败，会提示 Telnet 无法连接到远端主机；如果成功，则对方主机进入到等待客户端输入命令的状态，这个时候可以随便输入一些字符，并连续回车，几个回车后，对方就会返回如下内容：

```
HTTP/1.1400BadRequest
Server: Apache-Coyote/1.1
Transfer-Encoding: chunked
Date: Fri,30May201402:20:36GMT
Connection: close

0

失去了跟主机的连接。

C: \DocumentsandSettings\Administrator>
```

根据以上内容，很容易知道对方返回的 HTTP 协议，并内嵌 HTML 语言的网页代码。这些足以证明对方的 80 端口提供 WWW 服务。

用同样的方法，可以测试21端口是否提供了FTP服务，在命令行中输入：

Telnet<对方 IP 地址>21，则可以连接到对方 21 端口。如果连接失败，同样会提示Telnet无法连接到远端主机。如果成功，则对方会显示如下内容：

```
220----------欢迎来到 Pure-FTPd[privsep]----------
220-您是第 1 个使用者，最多可达 200 个连接
220-现在本地时间是 10:05。服务器端口: 21。
220-这是私人系统-不开放匿名登录
220-这部主机也欢迎 IPv6 的连接
220 在 15 分钟内没有活动，您被会断线。
```

需要说明的是，上面返回信息只是 Windows 默认的 FTP 服务器软件，其他的FTP服务器软件返回信息则不会完全一样。上面的显示，足以证明对方21端口提供FTP服务。

2.8.2 使用通用扫描器阶段

当前Internet上主要采用传输控制协议(Transmission Control Protocol，TCP)和用户数据报协议(User Datagram Protocol，UDP)作为传输层运行协议。虽然除此之外还有很多协议，但这些协议一般都是传输层以上各层的协议，依靠TCP或UDP进行网际传送。而端口的概念是处于传输层上的，所以在扫描端口时，扫描的是TCP或UDP端口而不是别的协议的端口，那些协议端口只是通过TCP或 UDP 端口体现出来而已。因此，在编写通用扫描器的时候，只需要用 TCP或UDP协议向对应的端口发送数据即可，而不一定非用哪一个协议。例如，139端口是NetBIOS协议端口，想扫描139端口是不是处于“开”状态，只需要向目标主机139端口发送信息，然后根据返回信息就可以进行判断其开关状态。

通用扫描器也就是向指定的一段端口分别发送建立连接的请求，如果对方存在对应的服务，连接就可成功建立，否则无法建立。利用这个特点，可以判断对方对应的端口是否开。这种扫描器一般只能扫描出对方某一端口是否开放，然后检索端口数据库，给出对这一端口提供的服务。

2.8.3 设计专用扫描器阶段

通用扫描器有不准确或不精确的缺点。例如，某服务器没有提供NetBIOS服务，而正好有一个服务器应用软件使用139端口进行通信，此时由于扫描器在139端口建立连接成功，通过查端口数据库认为139端口处于“开”状态而且提供了NetBIOS服务。

专用扫描器则不求功能多，只扫描特定的一个或几个端口，扫描后不仅给出

所扫端口是否处于“开”状态，指出其提供的服务，而且会拿对应的服务和目标主机建立连接，从而获得对方服务器版本号、用户列表、共享目录、漏洞等信息。

2.9 扫描器的限制

几乎所有的扫描器都有一定的局限性，这些局限性不仅取决于扫描算法的优劣，还取决于其他各方面的限制，一个万能的、全面的扫描器是不存在的。

首先，操作系统对扫描器有影响。当前主流的操作系统主要有两大派系，一个是 Windows 派系，另一个是 Unix/Linux 派系。Windows 派系由于所有版本均由 Microsoft 公司开发，所以保持了接口的统一性和连续性；Unix 和 Linux 本身差距较大，且各自有很多派系和版本，但总体来说，各接口差别不大。从软件开发来说，Windows 派系和 Unix/Linux 派系最多只能达到源码一级的兼容，且多为无界面的命令行程序，其余部分则大多不兼容，至于编译出的可执行文件则完全不兼容，这也证实了万能的、全面的扫描器是不存在的。

除扫描方的操作系统之外，被扫描方的操作系统也需要考虑。通常情况下，各服务协议的作用是要减免异构系统之间的差异，但不同的操作系统还是有细微的差别。例如，Windows 2000 和 Windows XP 是功能和发布时间非常接近的两个版本，但默认的配置差别较大，所以扫描的结果差异较大。

除了操作系统的影响，扫描器还与采用的算法有关，不同的扫描器所采用算法不同，扫描出的效果也不尽相同。例如，要扫描本地所有 TCP/UDP 连接及使用的端口，有 DoS 命令重定向、Snmp 方式、系统 API 方式、采用钩子函数等多种方式，这些方式各有利弊，并不能确定都是成功的，受很多因素的影响(如用户级别、是否安装并运行了某个服务)，所扫描的效果也不尽相同。

2.10 当前网络常见的漏洞

一个系统中有什么漏洞？这是一个较难回答的问题。通常情况下，当指出一个确切的攻击方案时，随着各种技术细节越来越公开，使得很多软件的设计者或开发者，特别是系统的开发者，想从各个层次堵住漏洞。因此漏洞大有“只可意会，不可言传”的感觉。当然，也有一些漏洞，即使攻击方式和算法公开，也因难以处理而仍然存在。

下面列出一些目前为止仍然广泛使用或仍没有很好解决方案的漏洞。

2.10.1 DoS 和 DDoS

拒绝服务攻击(Denial of Service，DoS)是一种原理简单但普遍存在，并且很难预防和解决的攻击方式。

在 C/S(客户端/服务器)模式下，客户端连接服务器端，并提出服务申请，服务器根据服务申请查找所需要数据，然后将查到的数据以服务响应的方式回复给客户端。通常情况下，由于服务器需要占用一定的系统资源(CPU、网络、内存、硬盘)然后才能查到数据并回复，所以在某一时刻一般只能响应一定数量的客户端服务申请。当客户端服务申请个数超过这个数量时，多余的申请个数只能等待，等到正在处理的服务结束后，多余的客户端再获得服务器端的服务。在这种模式下，如果有一个主机同时向某个服务器始终发送远超服务器在某时刻响应客户端的上限数量，则其他主机同时向该服务器提出申请的时候，就会处于等待状态。虽然偶尔其他主机也能得到服务器的服务响应(因为该用户的申请和发起 DoS 攻击各客户端处于同一个级别，所以该主机也能申请到服务)，但总的感觉是服务器访问速度极慢，或大量访问失败，从现象上看似服务器拒绝向自己提供服务，故称这种方式为“拒绝服务”式攻击。

随着网络和服务器性能越来越高，通常一台普通家用计算机很难对一个高性能的服务器造成实质性的 DoS 攻击，所以黑客在 DoS 技术上做了升级，改成分布式拒绝服务攻击(Distributed DoS，DDoS)。该技术中，各个主机所采用的仍是 DoS 攻击，但采用了分布于不同主机上的多台主机同时攻击同一个服务器的方式。

到目前为止，对于 DoS 和 DDoS 还没有一个好的解决方案，只能在一定程度上预测和防止。

2.10.2 缓冲区溢出

缓冲区溢出问题源于一些程序语法分析和编译器不严格，是一种非常普遍、非常危险的漏洞，并且存在于各种操作系统、各种应用软件中，可以说是目前为止最具危害性的攻击方式。

要完全理解缓冲区溢出，就要从程序的运行原理上来分析。例如，图 2-12 所示为缓冲区溢出的程序代码。

```
1  #include <stdio.h>
2  void main(int argc, char **argv)
3  {
4      if(argc==2)//格式必须是“命令 参数”
5          readstr((char *)argv[1]);//输入内容
6      else
7          printf("Usage:%s <string for print>",(char *)argv[0]);
8      return 0;
9  }
10 void readstr(char *str)
11 {//将参数1复制到16字节的缓冲区中，并打印出来
12     char buff[16];
13     strcpy((char *)buff,str);
14     printf("%s",(char *)buff);
15 }
```

图 2-12　缓冲区溢出程序示例程序

这是一个简单的C语言程序，该程序将作为参数的字符串复制到缓冲区中，并打印出该字符串。编程完成后程序执行，如果输入的参数是字符串“Hello World”，则首先执行第5行，并转向第10行的函数readstr，在执行第13行时，把“Hello World”复制到缓冲区buff中，随后执行第14行，将“Hello world”打印出来。整个程序由于“Hello world”的长度是13个字符(12个字母和一个表示字符串结束的字符“\0”)，该值小于buff的长度16，所以程序正常执行，并打印出正确的结果。

如果输入的字符串是“This Is A Buffer Overflow Testing”呢？这时，整个字符串的长度超过了buff的长度16，但strcpy函数本身在复制的时候，并不考虑是否超过了buff的长度，只要不遇到字符“\0”，复制就不会停止，因而其内容前16个字节保存在buff中，第16个字节之后的内容，将保存在buff数组之后的内存中，造成缓冲区溢出，这样的错误会在运行的时候报错。

到现在为止，缓冲区溢出还只是一个Bug，还达不到“漏洞”的级别。要想成为一个攻击时可以利用的漏洞，就需要更深入的分析，并且需要很多计算机底层的相关知识，下面只是简要地说明一下。

首先，程序在内存中，主程序的数据部分在数据段(DataSegment，如上例中的buff[16])中，代码部分在代码段(CodeSegment，如上例第2～15行中，除了第12行之外的所有行)中，而函数的数据部分在栈段(StackSegment)中，函数的代码在代码段中，其中readstr函数的栈段如表2-2所列。

表2-2 函数调用结束返回地址

缓冲区 buff[16]
栈段数据填充(可选)
函数调用结束返回地址
堆栈空余空间

在函数readstr执行之前，系统会在堆栈中建立表2-2所列的结构，并将函数readstr之后的地址(第8行代码的地址)填入到“函数调用结束返回地址”中，以便函数执行完后返回到函数下一行执行；在函数执行过程中，所需要的数据保存在buff数组中，根据函数体的需要进行操作；在函数执行结束以后，转向“函数调用结束返回地址”所指向的地址。

回到前面的缓冲区溢出，当向buff中复制数据的时候，由于strcpy不做长度的检测，所以当长度超过16时，多余的部分就会覆盖后面的内容。根据实际输入的内容多少，覆盖的多少也不同。试想，当输入数据达到一定量的时候，多余的部分会依次覆盖表2-2中“栈段数据填充”、“函数调用结束返回地址”、“堆栈空余空间”中的部分或全部内容。但此时程序并不知道这些地方内容被覆盖，当readstr函数执行结束后，仍然会跳转到“函数调用结束返回地址”所指向的地方执行。如果覆盖“堆栈空余空间”的数据是一段程序，而覆盖“函数调用结束返回地址”后的指向地址正好指向“堆栈空余空间”中的这段代码，则 readstr 函数执行结束后，就不会返回调用处之后的一行(例子中的第 8 行)，而是执行了经过精心安排的代码。这段代码有可能是攻击者的代码，可能做攻击的事情，如创建了一个用户、提升了某个用户的权限、启动了某个服务，总之这种攻击的危害性完全取决于这段代码。

2.10.3 注入式攻击

注入式攻击是将本来不属于设计者原意的东西通过“注入”的方式加入到某系统中，这样做的目的是想让注入的那部分出现意想不到的效果。缓冲区溢出的方式就属于注入式攻击，除此之外，更多的是 SQL 注入式攻击。

SQL 注入式攻击即利用 SQL 语句本身的语法特点，注入一部分并非设计者想要的代码，通过注入的这部分代码完成某种功能。

2.10.4 明文传输

在一个重要的系统中，应设置一个安全级别很高的密码。在登录远程系统的时候，先确保没有人能看到你输入的按键，没有木马病毒可以记录所有的按键；输入好用户名和密码，单击登录系统，然后成功登录到远程的主机上。

在上述整个看似安全的操作步骤中，是不是可以确保密码不会被别人知道呢？答案是否定的，由于密码是明文传输，所以在从用户的源主机到目标主机之间还有很多环节，在这些环节中的任何一处都有可能监听到该密码。

以图 2-13 为例，用户的主机是“源主机”，在该主机上有某系统登录界面，“目标主机”上存放着系统的认证模块。用户在源主机的系统登录界面上输入

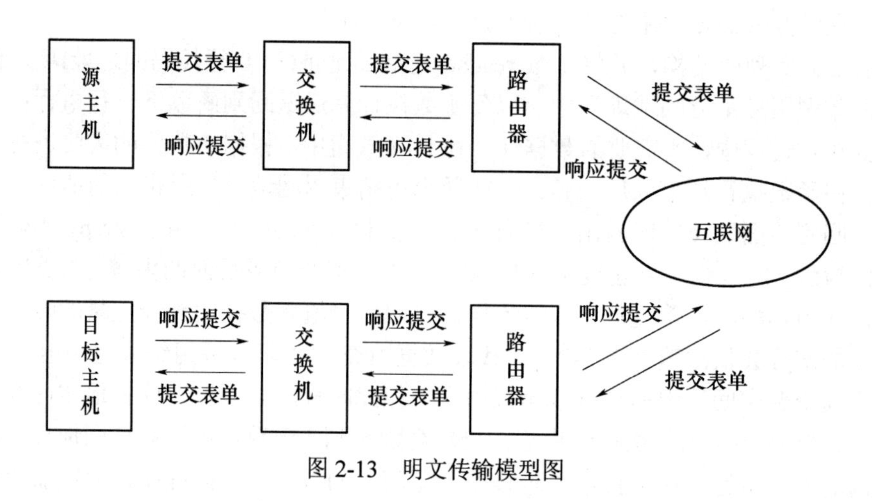

图 2-13　明文传输模型图

用户名和密码，则该用户名和密码以明文的方式被放在一个提交表单中。该表单在 C/S(客户端/服务器)模式中称为一个数据报(DataGram)，而在 B/S(浏览器/服务器)模式中则称为一个表单(Form)。该表单通过本网的交换机传到路由器，通过路由器发送到互联网上，到达对方网络的路由器，再经过对方网络的交换机后，最终送到目标主机。目标主机根据表单中的用户名、密码与数据库中的用户名、密码比对，然后将结果原路返回。

在上述传输的链路中，每一个环节都有可能被监听，而数据在经过每一个环节的时候，由于传输的都是明文，所以几乎是无密可保，而且这种现象是广泛存在的。

解决这类问题通常没有很好的办法，只能通过制度等规定，交换机、路由器必须是专用的，在上面不能随意安装或使用未授权的软件。

2.10.5 简单密码

简单密码的危害不言而喻，但也是普遍存在的，因为简单的密码会使攻击者很容易获得密码，并随后直接以正常用户使用某系统。

简单密码很难有一个非常准确的界定，通常是指如下情况：

(1) 密码位数比较少。因为位数少的密码，很容易被对方采用穷举法进行破解。一般来说，三位及以内的密码都可以认为位数比较少。

(2) 密码是一个简单英文单词或拼音音节，这可以通过字典方式进行穷举。一般来说，使用英文作为密码的一般是一个英文人名，或一个普通的英文单词(假设为高中英文词汇)或一个中文的姓氏，这三者数量的总和大约不到一万个，黑客很容易根据词典生成这样的常用词字典，然后通过程序读取字典中的每一个词，进行穷举破解。

(3) 密码只使用了一个字符集。通常的键盘按键中，可以用作密码的必然是可见字符，这些可见字符可以分为大写字母字符集(26 个)、小写字母字符集(26 个)、数字字符集(10 个)、标点符号字符集(33 个)。在设定密码的时候，很多人为了输入方便，而只使用某一个字符集，这使得穷举的空间数大为减少。

(4) 密码使用自己姓名、家庭电话号码、车牌号等信息，而这些信息同时也会以另一种方式公开，这会给一些认识自己或通过别的方式可以获得此信息的人以可乘之机。

(5) 在所有需要密码的场合均使用同一密码。

第3章 防 火 墙

3.1 防火墙技术概况

3.1.1 什么是防火墙

防火墙最初来源于建筑物内用来限制或者阻止可能有火源的墙体结构，后来用于表示与之类似的其他一些相似的结构，如机动车或航空器内用于隔离乘客和发动机的金属板。

计算机领域的防火墙技术在20世纪80年代后期出现，当时互联网正在兴起，伴随着互联网的全球接入，防火墙应运而生。

美国AT&T公司的Bill Cheswick和Steven Beellovin将防火墙定义为置于两个网络之间的一组构件或一个系统，它具有以下属性：

(1) 双向流通信息必须经过它；

(2) 只有被预定安全策略授权的信息流才被允许通过；

(3) 该系统本身具有很高的抗攻击性能。

简言之，防火墙是在内部网与外部网之间实施安全防范的系统，用于保护可信网络免受非可信网络的威胁，同时仍允许双方通信。目前，许多防火墙都用于Internet内部网之间(如图3-1所示)，但在任何网间和企业网内部均可使用防火墙。

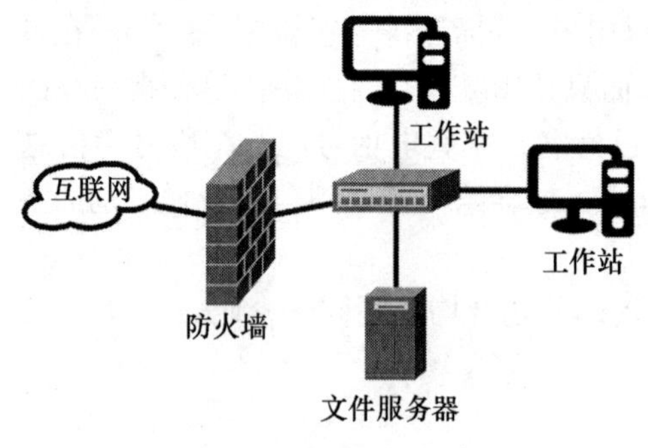

图3-1 防火墙结构图

防火墙是由软件和硬件组成的系统，它采用由系统管理员定义的规则，对一个需要保护的网络(通常是内部局域网)和一个不安全的网络(通常是互联网，但不局限于互联网)之间的数据流施加控制。

许多个人计算机系统包括基于软件的防火墙，以保护来自公共互联网的威胁。很多路由设备包括防火墙功能，来保护在不同网络间路由的数据；反过来，很多防火墙具有基本的路由功能。

1. 第一代防火墙：数据包过滤

1988 年第一篇有关防火墙技术的论文发表，DEC(Digital Equipment Corporation)工程师开发了第一个基于数据包过滤的防火墙系统。这个只有最基本功能的系统就是现在广泛应用于互联网安全领域的包过滤技术的“鼻祖”。在 AT&T 公司的 BELL 实验室，Bill Cheswick 和 Steven Beellovin 一直在数据包过滤领域进行研究，他们为 AT&T 公司开发了基于第一代包过滤技术的系统。

数据包过滤器探测每一个通过它的数据包，如果数据包中的数据符合过滤器设定的规则，那么这个数据包将会被系统悄悄地丢弃或者退回。

这种数据包过滤系统并不关心数据包的类型。例如，一个连接里指明连接类型的数据包内通常是没有数据的，它只是过滤每一个数据包内包括的信息。TCP 和 UDP 协议构建了互联网上绝大多数的通信连接，并且由于 TCP 和 UDP 流量按照规定使用类型定义好的端口，所以无连接状态的包过滤系统可以区分并且控制这些类型的流量，除非双方服务器使用未经定义的端口进行通信。

包过滤防火墙通常工作在 OSI 模型开始的 3 个层，也就是说它的绝大多数工作在网络层和物理层完成，在传输层完成一小部分的工作(主要是获取源地址端口和目的地址端口)。数据包经过这种防火墙的时候，设备检查数据包是否符合过滤规则，并且过滤掉(丢弃或退回)符合规则的数据包。防火墙会根据协议或者端口进行检测。例如，如果防火墙里有阻止 Telnet 连接的规则，那么所有基于 TCP 协议通过 23 端口传输的数据都将会被阻止。

最简单也最常见的数据包过滤器就是路由器，其主要工作是按址转送过往的数据包。它们大多具有某种内建的功能，可以限制某些来源点或目的地的数据包流通，并在路径转换表中设定谁可以通过、谁不能通过。不过，用来作为防火墙的路由器必须执行比一般路由器的过滤更复杂的分析工作，如检查提供服务要求的端口来源，因此通常使用高级路由器。除了在路由器上采用数据包过滤技术之外，也有一些是以计算机主机为主的防火墙软件。采用此类型的防火墙时，需要先设定一些数据参数，如数据流向、进出网络数据包的源地址和目的地址、数据接口、起止点的 IP 地址和 TCP 或 UDP 的端口地址、TCP 状态信息等。

数据包过滤防火墙的最大优点是速度快(在任何时候都可以使数据包通过)、容易建设、设置成本较低并具有完全通透性。因为一个组织的内部网络必须经过路由器才能连接到公共网络，而路由器本来就是利用数据包过滤的原理来控制数据流量，所以大部分的过滤工作都不会让使用者在网络上增加任何的不便，基本上感觉不到防火墙的存在。

但是，数据包过滤防火墙的作用层次比较低，一些属于 OSI 模式中上几层的功能无法在此类防火墙中实现，所以无法对所经过的数据流提供较详细及较高层的功能，有时也因为必须开放某些端口，而造成安全上的漏洞。由于这种形式的防火墙问世最早，一些精明的黑客早已开发出一些程序来绕过数据包过滤安全机制，如制造假冒 IP 地址、模仿端口等，利用伪装的方式让防火墙无法侦测出来。由于数据包过滤防火墙本身存在有一些弱点无法克服，所以在实际应用中，对于安全要求较高的网络应当避免只用数据包过滤防火墙作为唯一防线，必须增加其他的防火墙机制，以建立更严密的安全管控。

2. 第二代防火墙：应用层防火墙(Application-Level Gateway)

应用层防火墙，顾名思义，是作用于 OSI 通信模型的应用层，它针对不同的应用程序如 FTP、HTTP、Telnet 等来分别进行安全的审核工作。此类防火墙采用与第一代防火墙截然不同的方法来处理网络的安全问题，它是利用一些专门的程序来提供网络数据的应答，或者用网关和代理服务器将网络隔离开，运作方式采用存储转发(Store and Forward)方式。如图 3-2 所示，防火墙内的客户端实际是连接到应用层防火墙系统，再由该系统以客户端的身份去网络上与真正的 FTP 服务器进行连接。

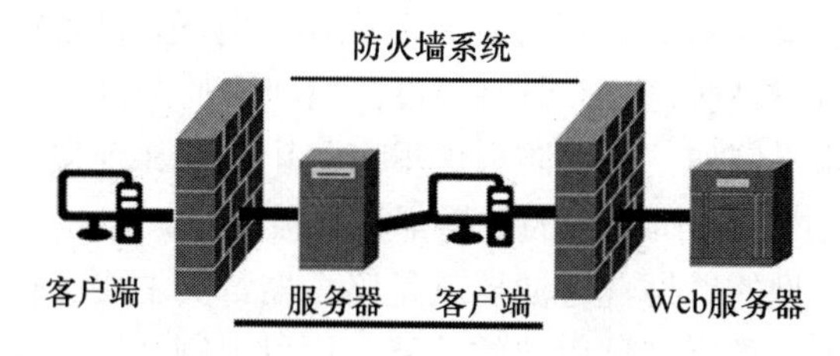

图 3-2　应用层防火墙

具体地说，应用层防火墙会先将欲通过它的传输连接切断，再创建一个新的连接，在创建的过程中防火墙系统会获得一些必要的信息，并根据各应用程序所设定的一些规则，来决定谁可以进出防火墙的内外、谁可以获得哪些资料。例如，组织内部的员工欲上互联网时，要透过防火墙；而从外界进入的流量，也可由这种形式的防火墙转到特定的 WEB 服务器上。

应用层防火墙是作用在 OSI 模型的最高层，可以了解所有来往数据的通信协议，并且可以增加各种特定的安全功能。这种防火墙能够阻止目的客户端了解发送端的真实位置，使得内部网络能够隐藏起来不被外部所知。在安全管控上来说，应用层防火墙在各类防火墙技术之中是最优良的。

但是，这种防火墙在实施上也有自身的问题。与数据包过滤防火墙相比，应用层防火墙的价格比较昂贵。对于使用者而言，它不完全透明，有些应用程序连接很可能被莫名其妙地阻止。用户的网络应用程序和服务项目常会出现受限的情况，当增加新的应用或服务时，必须重新开发新的代理通道，并且未开发出代理应用的通道的程序也无法使用新的应用或服务。另外，有时代理服务器会修改连接，使得原有应用程序数据处理产生问题。

3. 第三代防火墙：电路级防火墙(Circuit-Level Gateway)

电路级防火墙是作用于 OSI 通信模型的会话层，是介于数据包过滤防火墙和应用层防火墙之间的防火墙。它与应用层防火墙一样，通过代理来实现安全控制，但作用于比较低的层次，且不对某一个应用程序做特定的设置。当一个安全的服务连接建立之后，防火墙会建立一个会话(Session)，目前最普遍的电路级防火墙是使用 Socks 建立的。

有些电路级防火墙具有数据包状态监测功能，称为状态监测(Stateful Inspection)技术。在连接通道里建立一个状态连接表，在监测高层连接的同时记录下数据流量的状态，这样就可以分辨出哪些连接是内部发往外部的通信服务要求，而哪些连接是回应内部发出的请求的返回连接。如图 3-3 所示，组织内部的员工利用 FTP 到互联网上下载文档时，防火墙系统会自动地将请求状态记录下来，以作为返回连接进入内部网络的依据。

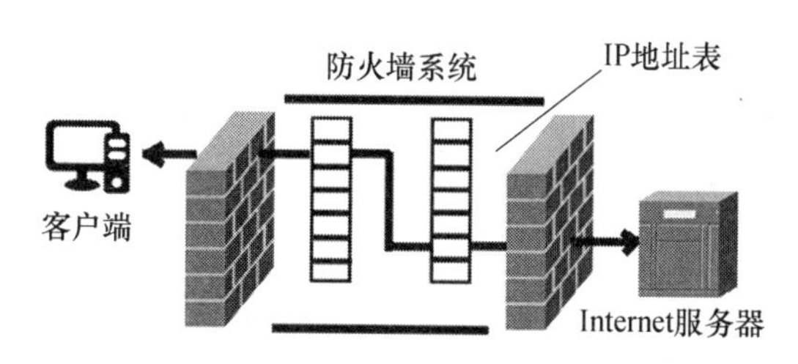

图 3-3 状态监测技术在防火墙中的应用

电路级防火墙的最大优点在于它会在客户端和目的服务器之间建立一条点对点的虚拟电路，并且允许多客户端与多服务器同时建立连接。在连接的过程中，它不会修改应用程序的执行过程和处理步骤，因此对客户端和服务器而言，它的通透性非常好。另外，在电路级防火墙上可以增加很多功能，系统可塑性相当高。

但是对于电路级防火墙来说，设置客户端成为一个问题，因为必须要求客户端知道防火墙的存在，因此这种防火墙在部署的时候会比较困难。而且，电路层防火墙在建立会话成功之后，其他应用程序也可以通过这个之前建立起的通道穿透防火墙，从而给安全防护留下隐患。

对三种防火墙技术进行比较，如表 3-1 所列。

表 3-1　3 种防火墙技术比较级

	数据包过滤	应用层防火墙	电路级防火墙
工作层次	第 3 层(网络层)	第 7 层(应用层)	第 5 层(会话层)
工作机制	路由器	代理程序	代理程序
运行效率	最高	最低	
价格	最便宜	最昂贵	
部署容易度	最容易	最难	
通透性	完全通透	不完全通透	完全通透
安全管控能力	最弱	最强	

上述三种技术涵盖了目前大部分防火墙可能使用的基本控制原理。它们各有所长，也各有弱点，安全性越高的技术往往效率越低。这些技术之间并没有绝对的好和坏，而且各有不可取代性。因此，随着防火墙技术的渐渐成熟，多数防火墙已不会单独使用其中一种技术，多半会加以改良或混合应用，使其能适应各种不同的情况。

3.1.2　防火墙的分类

防火墙的产生和发展经历了相当长的一段时间，根据不同的标准，其分类方法也各不相同。

按防火墙发展的先后顺序，防火墙可分为：数据包过滤型防火墙(第一代防火墙)；应用层防火墙(第二代防火墙)；电路级防火墙(第三代防火墙)。在第三代防火中最具代表性的有 IGA(Internet Gateway Appciance)防毒墙、Sonicwall 防火墙以及 LinkTrustCyberwall 等。

按防火墙在网络中的位置，防火墙可分为边界防火墙和分布式防火墙。其中，分布式防火墙又分为主机防火墙和网络防火墙。

按防火墙的实现手段，防火墙可分为硬件防火墙、软件防火墙以及软硬兼施的防火墙。

目前，市场上流行的防火墙主要有三种类型，即数据包过滤防火墙、电路级防火墙和应用网关防火墙。通常，数据包过滤防火墙的安全性较差，但性能最高；应用网关防火墙虽然安全性最高，但是它的性能较差，对每一新增服务都要编写相应的代理程序。究竟采用何种类型的防火墙，要根据企业的网络安全需求而定。用户要在安全性和效率之间进行折中考虑。

根据防火墙硬件组成，可以有以下分类：

(1) 第一类防火墙即所谓基于 x86 平台的防火墙。这类防火墙是在工控机平台上，加装 Linux 或 FreeBSD 操作系统，编写相应的配置管理软件。它的优点是功能扩展性比较好，缺点是数据包的吞吐率比较低。

(2) 第二类防火墙即所谓基于 NP 的防火墙。这类防火墙采用网络处理器(Network Processor，NP)平台，在其上编写相应的过滤和配置管理软件。它的优点是功能扩展性较好，同时数据包的吞吐率要高于基于 x86 平台的防火墙。

(3) 第三类是基于 ASIC 芯片的防火墙。这类防火墙的优点是数据包的吞吐率可以接近或达到线速，但是功能扩展性很差。

3.1.3 防火墙的技术

防火墙的种类多种多样，在不同的发展阶段，采用的技术也各不相同，因而也就产生了不同类型的防火墙。防火墙所采用的技术主要有以下几种。

1. 屏蔽路由技术

最简单和最流行的防火墙形式是“屏蔽路由器”。多数商业路由器具有内置的限制目的地间通信的能力。屏蔽路由器一般只在网络层工作(有的还包括传输层)，采用数据包过滤或虚电路技术。数据包过滤通过检查每个 IP 网络包，取得其头信息，一般包括：到达的物理网络接口，源 IP 地址，目标 IP 地址，传输层类型(TCP UDP ICMP)，源端口和目的端口。根据这些信息，判别是否规则集的某条目匹配，并对匹配包执行规则集指定的动作(禁止或允许)。数据包过滤系统通常可以重置网络包地址，从而流出的通信包不同于其原始主机地址转换(NAT)，它通过 NAT 可以隐藏了内部网络拓扑和地址表；而虚电路技术的核心是验证通信包是一个连接中的数据包(两个传输层之间的虚电路)。它首先检查每个连接的建立以确保其发生在合法的握手之后。在握手完成前不转发数据包，系统维护一个有效连接表(包括完整的会话状态和序列信息)，当网络包信息与虚电路表中的某一入口匹配时才允许包含数据的网络包通过。当连接终止后，它在表中的入口就被删除，从而两个会话层之间的虚电路也就被关闭了。

屏蔽路由器类型的防火墙的优点：

(1) 性能要优于其他类型的防火墙，因为它执行较少的计算，并且可以很容易地以硬件方式实现。

(2) 规则设置简单，通过禁止内部计算机和特定 Internet 的连接，单一规则即可保护整个网络。

(3) 不需对客户端计算机进行专门的配置。通过 NAT，可以对外部用户屏蔽内部 IP。

其缺点是：

(1) 无法识别到应用层协议，也无法对协议子集进行约束。

(2) 处理包内信息的能力有限。

(3) 通常不能提供其他附加功能，如 HTTP 的目标缓存、URL 过滤以及认证。

(4) 无法约束由内部主机到防火墙服务器上的信息，只能控制什么信息可以过去，从而入侵者可能访问到防火墙主机的服务，从而带来安全隐患。

(5) 没有或缺乏审计追踪，从而缺乏报警机制。

(6) 由于对众多网络服务的“广泛”支持所造成的复杂性，很难对规则有效性进行测试。

综上所述：屏蔽路由技术往往比较脆弱，因为它还要依赖其背后主机上应用软件的正确配置。因此，这类型的防火墙通常配合其他系统使用。

2. 基于代理的(也称应用网关)防火墙技术

它通常配置为“双宿主网关”，具有两个网络接口卡，同时接入内部和外部网。网关可以与两个网络通信，是安装传递数据软件的理想位置。这种软件就称为“代理”，通常是为其所提供的服务定制的。代理服务不允许直接与真正的服务通信，而是与代理服务器通信(用户的默认网关指向代理服务器)。各个应用代理在用户和服务之间处理所有的通信。代理服务能够对通过它的数据进行详细的审计追踪，许多专家也认为它更加安全，因为代理软件可以根据防火墙后面的主机的脆弱性来制定，以专门防范已知的攻击。图 3-4 所示为代理服务原理和结构。

图 3-4　代理服务原理和结构

代理防火墙的主要优点：

(1) 代理服务可以识别并实施高层的协议，如 HTTP 和 FTP 等。

(2) 代理服务包含通过防火墙服务器的通信信息，可以提供源于部分传输层、全部应用层和部分会话层的信息。

(3) 代理服务可以用于禁止防问特定的网络服务，而允许其他服务的使用。

(4) 代理服务能处理数据包。

(5) 通过提供透明服务，可以让使用代理的用户感觉在直接与外部通信。

(6) 代理服务还可以提供屏蔽路由器不具备的附加功能。

代理防火墙的主要缺点：

(1) 代理服务有性能上的延迟，流入数据需要被处理两次(应用程序和其代理)。

(2) 代理防火墙一般需要客户端的修改或设置，配置过程繁琐。

(3) 代理由于通常需要附加的口令和认证而造成延迟，会给用户带来不便。

(4) 应用级防火墙一般不能提供 UDP、RPC 等特殊协议类的代理。

(5) 应用层有时会忽略那些底层的网络包信息。

3. 包过滤技术

系统按照一定的信息过滤规则，对进出内部网络的信息进行限制，允许授权信息通过，而拒绝非授权信息通过。包过滤防火墙工作在网络层和逻辑链路层之间。截获所有流经的 IP 包，从其 IP 头、传输层协议头甚至应用层协议数据中获取过滤所需的相关信息。然后依次按顺序与事先设定的访问控制规则进行一一匹配比较，执行其相关的动作。其原理和结构如图 3-5 所示。

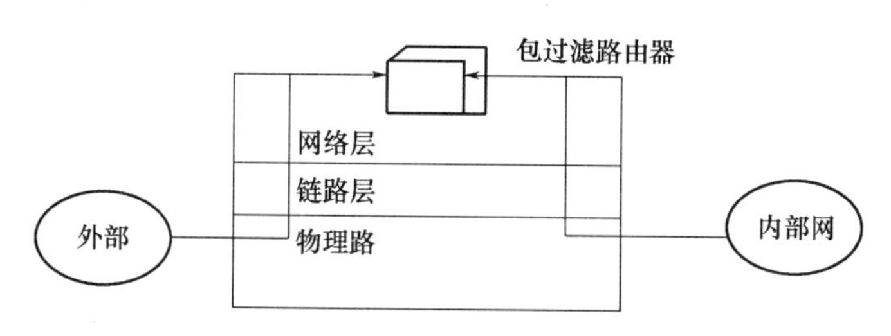

图 3-5　包过滤原理和结构

4. 动态防火墙技术

它是针对静态包过滤技术而提出的一项新技术。静态包过滤技术局限于过滤基于源地址及目的的端口的 IP 地址的输入输出业务，因而限制了控制能力，并且由于网络的所有高位(1024～65535)端口要么开放，要么关闭，使网络处于很不完全的境地。而动态防火墙技术可创建动态的规则，使其适应不断改变的网络业务量。根据用户的不同要求，规则能被修改并接受或拒绝。具体地讲，动态防火墙技术并不是根据状态来对包进行有效性检查，而是通过为每个会话维护其状态信息，来提供一种防御措施和方法。它可分辨通信是初始请求还是对请求的回应，即是否是新的会话通信，以实现“单向规则”即在过滤规则中可以只允许一个方向的通信。在该方向上的初始请求被允许和记录后，其连接的另一方向的回应也将被允许，这样不必在过滤规则中为其回应考虑，大大减少过滤规则的数量和复杂性。同时，它还为协议和服务的过滤提供了理想解决方案，能很好地实现“只允许内部访问外部”的策略，使内部网络更安全。从外部看，在没有合法的通信时，除规则允许外部访问的所有内部主机端口开放，并且当连接结束时也随之关闭；而从内部看，除规则明确拒绝外，所有外部资源都是开放的，并且它还为一些针对 TCP 的攻击提供了在包过滤上进行防御的手段。

动态防火墙为了跟踪维护连接状态，它必须对所有进出的数据包进行分析，从其传输层和应用层中提取相关的通信和应用状态信息，根据其源和目的 IP 地址、传输层协议和源端口及目的端口来区分每一连接，并建立动态连接表为所有连接存储其状态和上下文信息。同时防火墙不断检查后续通信，及时更新这些信息，当连接结束时可以及时从连接表中删除其相应信息。其原理和结构如图 3-6 所示。

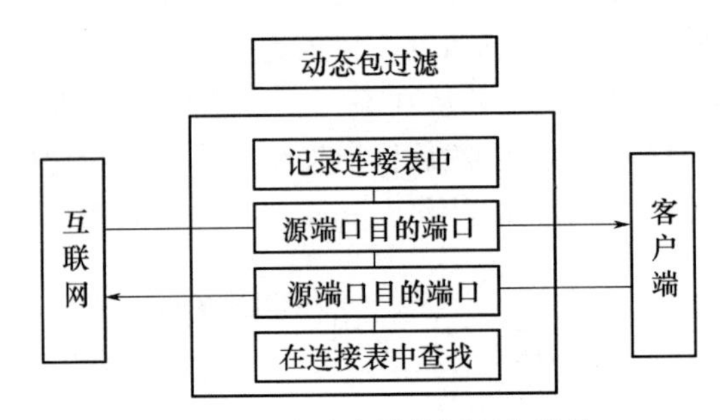

图 3-6　动态防火墙的原理和结构

动态连接表是动态防火墙技术的核心。对所有进出的数据包，首先在动态连接表中查找相应的连接表项，若其存在，便可得到过滤结果；否则，查找相应过滤规则，并为其创建一个连接表项。这样，就不必为每个数据包都在过滤规则中依次进行比较来查找响应规则，从而大大提高了过滤效率和网络通信速度。但是，动态防火墙包过滤技术在实现中也有一些缺陷，主要体现在：它通过检查关键词来实现对应用协议和数据的过滤，但无法对跨分组的关键词进行检查，而且一旦过滤掉分组后，它只能简单地关闭连接，不会向源地址端传送任何错误信息。

5. 复合型防火墙技术

由于过滤型防火墙安全性不高，代理服务器型防火墙速度较慢，因而出现了一种综合上述两种技术优点的复合型防火墙技术。它保证了一定的安全性，又使通过它的信息传输速度不至于受到太大的影响，其系统结构如图 3-7 所示。

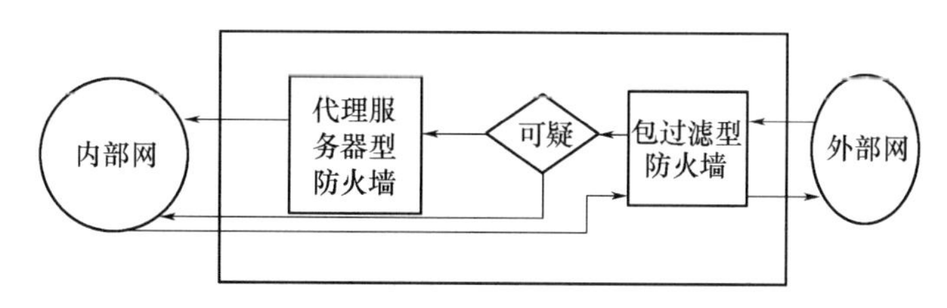

图 3-7　复合型防火墙

在图 3-7 所示的防火墙结构中，对于那些从内部网向外部网发出的请求，由于对内部网的安全威胁不大，因此可直接从外部网建立连接。对于那些从外部网向内部网提出的请求，先要通过包过滤型防火墙，在此经过初步安全检查，再通过代理服务器型防火墙检测，两次检查确定无疑后方可接受其请求，否则就需要丢弃或做其他处理。

3.1.4　防火墙的功能评价

如何评价防火墙是一个复杂的问题，因为用户在这方面有不同的需求，很难给出统一的标准。一般说来，防火墙的安全和性能(速度等)是最主要的指标。从安全需求来看，理想的防火墙应具有以下功能。

1. 访问控制

通过防火墙的包内容设置：包过滤防火墙的过滤规则集由若干条规则组成，它应涵盖对所有出入防火墙的数据包的处理方法，对于没有明确定义的数据包，应该设有默认处理方法；过滤规则应易于理解，易于编辑和修改；同时应具备一致性检测机制，防止冲突。IP 包过滤的依据主要是根据 IP 包头部信息如源地址和目的地址进行过滤，如果 IP 头中的协议字段表明封装协议为 ICMP、TCP 或 UDP，那么再根据 ICMP 头信息(类型和代码值)、TCP 头信息(源端口和目的端口)或 UDP 头信息(源端口和目的端口)执行过滤，其他的还有 MAC 地址过滤。应用层协议过滤要求主要包括 FTP 过滤、基于 UDP 的应用服务过滤要求以及动态包过滤技术等。

在应用层提供代理支持：防火墙是否支持应用层代理，如 HTTP、FTP、TELNET、SNMP 等。代理服务在确认客户端连接请求有效后接管连接，代理服务器发出连接请求，代理服务器应根据服务器的应答，决定如何响应客户端请求，代理服务进程与服务器端的连接。为确认连接的唯一性与时效性，代理进程应当维护代理连接表或相关数据库(最小字段集合)；为提供认证和授权，代理进程应当维护一个扩展字段集合。

在传输层提供代理支持：防火墙是否支持传输层代理服务。允许 FTP 命令防止某些类型文件通过防火墙指是否支持 FTP 文件类型过滤。用户操作的代理类型，应用层高级代理功能，如 HTTP、POP3。

支持网络地址转换(NAT)：NAT 将一个 IP 地址或映射到另一个 IP 地址域，从而为终端主机提供透明路由的方法。NAT 常用于私有地址或与公有地址的转换，以解决 IP 地址匮乏问题。在防火墙上实现 NAT 后，可以隐藏受保护网络的内容结构，在一定程度上提高网络的安全性。支持硬件口令、智能卡：是否支持硬件口令、智能卡等。这是一种比较安全的身份认证技术。

2. 防御功能

支持病毒扫描：是否支持防病毒功能，如扫描电子邮件中的 DOC 和 ZIP 文件、FTP 中的下载或上载文件内容，以发现其中包含的危险信息。

提供内容过滤：是否支持内容过滤。信息内容过滤是指防火墙在 HTTP、FTP、SMTP 等协议层，根据过滤条件，对信息流进行控制。防火墙控制的结果是允许通过、修改后允许通过、禁止通过、记录日志、报警等。过滤内容主要指 URL、HTTP 携带的信息，如 JavaApplet、Javascript、ActiveX 和电子邮件中的 Subject、To、From 域等。

能防御 DoS 攻击类型：拒绝服务攻击(DoS)就是攻击者过多地占用共享资源，导致服务器超载或系统资源耗尽，而使其他用户无法享有服务或没有资源可用。防火墙通过控制、检测与报警等机制，可在一定程度上防止或减轻 DoS 黑客攻击，阻止 ActiveX、Java、Cookies、Javascript 等进行 HTTP 内容过滤。防火墙应该能够从 HTTP 页面剥离 JavaApplet、ActiveX 等小程序及从 Script、PHP 和 ASP 等代码检测出危险代码或病毒，并向浏览器用户报警；同时，能够过滤用户上载的 CGI、ASP 等程序，并在发现危险代码时向服务器报警。

3. 安全特性

支持转发和跟踪 ICMP 协议(ICMP 代理)：是否支持 ICMP 代理。ICMP 为网间控制报文协议。

提供入侵实行时警告：是否提供实时报警功能。当发生危险事件时，能够及时报警，报警的方式可能通过邮件、呼机、手机等。

提供实时入侵防范：是否提供实时入侵响应功能。当发生入侵事件时，防火墙能够动态响应，调整安全策略，阻挡恶意报文。

识别/记录/防止企图进行 IP 地址欺骗：IP 地址欺骗是指使用伪装的 IP 地址作为 IP 包的源地址对受保护网络进行攻击，防火墙应该能够禁止来自外部网络而源地址是内部 IP 地址的数据包通过。

4. 管理功能

通过集成策略集中管理多个防火墙：是否支持集中管理。防火墙管理是指对防火墙具有管理权限的管理员行为和防火墙运行状态的管理；管理员的行为主要包括通过防火墙的身份鉴别，编写防火墙的安全规则，配置防火墙的安全参数，查看防火墙的日志等。防火墙的管理一般分为本地管理、远程管理和集中管理等。

提供基于时间的访问控制：是否提供基于时间的访问控制。

支持 SNMP 监视和配置：SNMP 是简单网络管理协议的缩写。

本地管理：管理员通过防火墙的 Console 口或防火墙提供的键盘和显示器对防火墙进行配置管理。

远程管理：管理员通过以太网或防火墙提供的局域网接口对防火墙进行管理，管理的通信协议可以基于 FTP、TELNET、HTTP 等。

支持带宽管理：防火墙能够根据当前的流量动态调整某些客户端占用的带宽。

负载均衡特性：负载均衡可以看成动态的端口映射，它将一个外部地址的某一 TCP 或 UDP 端口映射到一组内部地址的某一端口，负载均衡主要用于将某项服务(如 HTTP)分摊到一组内部服务器上以实现负载均衡。

失败恢复特性(Failover)：支持容错技术，如双机热备份、故障恢复，双电源备份等。

5. 记录和报表功能

防火墙处理完整日志的方法：防火墙规定了对于符合条件的报文做日志提供日志信息管理和存储方法。

提供自动日志扫描：防火墙是否具有日志的自动分析和扫描功能。这可以获得更详细的统计结果，达到事后分析、亡羊补牢的目的。

提供自动报表、日志报告书写：防火墙实现的一种输出方式，提供自动报表和日志报告功能。

警告通知机制：防火墙应提供告警机制。在检测到入侵网络以及设备运转异常情况时，通过告警来通知管理员采取必要的措施，包括 E-mail、移动设备、手机等。

提供简要报表(按照用户 ID 或 IP 地址)：防火墙实现的一种输出方式，按要求提供报表分类打印。

提供实时统计：防火墙实现的一种输出方式，日志分析后所获得的智能统计结果，一般是具有图表显示的功能。

列出获得的国内有关部门许可证类别及号码：这是防火墙合格与销售的关

键要素之一，其中包括公安部的销售许可证、国家信息安全测评中心的认证证书、总参谋部国防通信入网证和国家保密局推荐证明等。

3.1.5 防火墙体系结构

目前，防火墙的体系结构一般有以下三种：

(1) 双重宿主主机体系结构；

(2) 被屏蔽主机体系结构；

(3) 被屏蔽子网体系结构。

下面分别对这三种防火墙体系结构进行介绍。

1. 双重宿主主机体系结构

双重宿主主机体系结构是围绕具有双重宿主的主机计算机而构筑的，该计算机至少有两个网络接口。这样的主机可以充当与这些接口相连的网络之间的路由器；能够从一个网络到另一个网络发送 IP 数据包。然而，实现双重宿主主机的防火墙体系结构禁止这种发送功能。因而，IP 数据包从一个网络(例如互联网)并不是直接发送到其他网络(例如内部的、被保护的网络)。防火墙内部的系统能与双重宿主主机通信，同时防火墙外部的系统(在互联网上)能与双重宿主主机通信，但是这些系统不能直接互相通信。它们之间的 IP 通信被完全阻止。

双重宿主主机的防火墙体系结构是相当简单的：双重宿主主机位于两者之间，并且被连接到互联网和内部的网络。

2. 被屏蔽主机体系结构

双重宿主主机体系结构提供来自与多个网络相连的主机的服务(但是路由关闭)，而被屏蔽主机体系结构使用一个单独的路由器提供来自仅仅与内部的网络相连的主机的服务。在这种体系结构中，主要的安全由数据包过滤。在屏蔽的路由器上的数据包过滤是按这样一种方法设置的，即堡垒主机是互联网上的主机能连接到内部网络上的系统的桥梁(例如传送进来的电子邮件)。即使这样，也仅有某些确定类型的连接被允许。任何外部的系统试图访问内部的系统或者服务将必须连接到这台堡垒主机上。因此，堡垒主机需要拥有高等级的安全。数据包过滤也允许堡垒主机开放可允许的连接(“可允许”将由用户的站点的安全策略决定)到外部世界。

在屏蔽的路由器中数据包过滤配置可以按下列方式之一执行：允许其他的内部主机为了某些服务与互联网上的主机连接(允许那些已经由数据包过滤的服务)；不允许来自内部主机的所有连接(强迫那些主机经由堡垒主机使用代理服务)；用户可以针对不同的服务混合使用这些手段；某些服务可以被允许直接

经由数据包过滤，而其他服务可以被允许仅仅间接地经过代理。这完全取决于用户实行的安全策略。因为这种体系结构允许数据包从互联网向内部网的移动，所以它的设计比没有外部数据包能到达内部网络的双重宿主主机体系结构危险性更大。另外，双重宿主主机体系结构在防范数据包从外部网络穿过内部的网络也容易产生失败(因为这种失败类型是完全出乎预料的，不大可能防备黑客侵袭)。进而言之，保卫路由器比保卫主机较易实现，因为它提供非常有限的服务组。多数情况下，被屏蔽的主机体系结构提供比双重宿主主机体系结构具有更好的安全性和可用性。

然而，比较其他体系结构，如在后续章节要讨论的屏蔽子网体系结构也有一些缺点。如果侵袭者没有办法侵入堡垒主机时，而且在堡垒主机和其余的内部主机之间没有任何保护网络安全的东西存在的情况下，路由器同样出现一个单点失效。如果路由器被损害，整个网络对侵袭者是开放的。

3. 屏蔽子网体系结构

屏蔽子网体系结构添加额外的安全层到被屏蔽主机体系结构，即通过添加周边网络更进一步地把内部网络与互联网隔离开。为什么这样做？由它们的性质决定。堡垒主机是用户的网络上最容易受侵袭的机器。任凭用户尽最大的力气去保护它，它仍是最有可能被侵袭的机器，因为它本质上是能够被侵袭的机器。如果在屏蔽主机体系结构中，用户的内部网络对来自用户的堡垒主机的侵袭端口打开，那么用户的堡垒主机是非常诱人的攻击目标。在它与用户的其他内部机器之间没有其他的防御手段时(除了它们可能有的主机安全之外，这通常是非常少的)。如果有人成功地侵入屏蔽主机体系结构中的堡垒主机，那就毫无阻挡地进入了内部系统。通过在周边网络上隔离堡垒主机，能减少在堡垒主机上侵入的影响。可以说，它只给入侵者一些访问的机会，但不是全部。屏蔽子网体系结构的最简单的形式为两个屏蔽路由器，每一个都连接到周边网。一个位于周边网与内部的网络之间，另一个位于周边网与外部网络之间(通常为互联网)。为了侵入用这种类型的体系结构构筑的内部网络，侵袭者必须要通过两个路由器。即使侵袭者设法侵入堡垒主机，他将仍然必须通过内部路由器。在此情况下，没有损害内部网络的单一的易受侵袭点。作为入侵者，只是进行了一次访问。要点说明如下。

1) 周边网络

周边网络是另一个安全层，是在外部网络与用户的被保护的内部网络之间附加的网络。如果侵袭者成功地侵入用户的防火墙的外层领域，周边网络在那个侵袭者与用户的内部系统之间提供一个附加的保护层。

对于周边网络的作用，举例说明如下。在许多网络设置中，用给定网络上的任何机器来查看这个网络上的每一台机器的通信是可能的，对大多数以太网为基础的网络确实如此(而且以太网是当今使用最广泛的局域网技术)；对若干其他成熟的技术，如令牌环和 FDDI 也是如此。探听者可以通过查看那些在 Telnet、FTP 以及 Rlogin 会话期间使用过的口令成功地探测出口令。即使口令没被攻破，探听者仍然能偷看或访问他人的敏感文件的内容，或阅读他们感兴趣的电子邮件等；探听者能完全监视何人在使用网络。对于周边网络，如果某人侵入周边网上的堡垒主机，他仅能探听到周边网上的通信。因为所有周边网上的通信来自或者通往堡垒主机或互联网。因为没有严格的内部通信(在两台内部主机之间的通信，这通常是敏感的或者专有的)能越过周边网。所以，如果堡垒主机被损害，内部的通信仍将是安全的。一般来说，来往于堡垒主机，或者外部世界的通信，仍然是可监视的。防火墙设计工作的一部分就是确保这种通信不会被外界察觉到，从而降低网络的安全性。

2) 堡垒主机

在屏蔽的子网体系结构中，用户把堡垒主机连接到周边网，这台主机便是接受来自外界连接的主要入口。例如：

(1) 对于进来的电子邮件(SMTP)会话，传送电子邮件到站点；

(2) 对于进来的 FTP 连接，转接到站点的匿名 FTP 服务器；

(3) 对于进来的域名服务(DNS)站点查询等。

另一方面，其出站服务(从内部的客户端到在互联网上的服务器)按如下任一方法处理，主要包括：

(1) 在外部和内部的路由器上设置数据包过滤来允许内部的客户端直接访问外部的服务器。

(2) 设置代理服务器在堡垒主机上运行(如果用户的防火墙使用代理软件)来允许内部的客户端间接地访问外部的服务器。用户也可以设置数据包过滤来允许内部的客户端在堡垒主机上同代理服务器交谈，反之亦然。但是禁止内部的客户端与外部世界之间直接通信(拨号入网方式)。

(3) 内部路由器(在有关防火墙著作中有时亦称为阻塞路由器)保护内部的网络使之免受互联网和周边网的侵犯。内部路由器为用户的防火墙执行大部分的数据包过滤工作。它允许从内部网到互联网的有选择的出站服务。这些服务是用户的站点能使用数据包过滤而不是代理服务安全支持和安全提供的服务。内部路由器所允许的在堡垒主机(在周边网上)和用户的内部网之间服务可以不同于内部路由器所允许的在互联网和用户的内部网之间的服务。限制堡垒主机和内部网之间服务的理由是减少由此而导致的受到来自堡垒主机侵袭的机器的数量。

(4) 在理论上，外部路由器(在有关防火墙著作中有时称为访问路由器)保护周边网和内部网使之免受来自互联网的侵犯。实际上，外部路由器倾向于允许几乎任何东西从周边网出站，并且它们通常只执行非常少的数据包过滤。保护内部机器的数据包过滤规则在内部路由器和外部路由器上基本上应该是一样的；如果在规则中有允许侵袭者访问的错误，错误就可能出现在两个路由器上。

一般，外部路由器由外部群组提供(例如用户的互联网供应商)，同时用户对它的访问被限制。外部群组愿意放入一些通用型数据包过滤规则来维护路由器，但是不愿意使维护复杂或者使用频繁变化的规则组。外部路由器实际上需要做什么呢？外部路由器能有效地执行的安全任务之一(通常别的任何地方不容易做的任务)是：阻止从互联网上伪造源地址进来的任何数据包。这样的数据包自称来自内部的网络，但实际上是来自互联网。

4. 防火墙体系结构的组合形式

构造防火墙时，一般很少采用单一的技术，通常是多种解决不同问题的技术的组合。这种组合主要取决于网管中心向用户提供什么样的服务，以及网管中心能接受什么等级风险。采用哪种技术主要取决于经费、投资的大小或技术人员的技术、时间等因素。一般有以下几种形式：

(1) 使用多堡垒主机；

(2) 合并内部路由器与外部路由器；

(3) 合并堡垒主机与外部路由器；

(4) 合并堡垒主机与内部路由器；

(5) 使用多台内部路由器；

(6) 使用多台外部路由器；

(7) 使用多个周边网络；

(8) 使用双重宿主主机与屏蔽子网。

3.1.6 防火墙的优缺点

1. 防火墙的优点

1) 防火墙能强化安全策略

互联网上每天都有上百万人在收集信息、交换信息，不可避免地会出现个别品德不良或违反规则的人。防火墙是为了防止不良现象发生的“交通警察”，它执行站点的安全策略，仅仅容许“认可的”和符合规则的请求通过。

2) 防火墙能有效地记录互联网上的活动

所有进出信息都必须通过防火墙，所以防火墙非常适用收集关于系统和网络使用、误用的信息。作为访问的唯一点，防火墙能在被保护的网络和外部网络之间进行记录。

3) 防火墙能限制暴露用户点

防火墙能够用来隔开网络中一个网段与另一个网段。这样，能够防止影响一个网段的问题通过整个网络传播。

4) 防火墙是一个安全策略的检查站

所有进出的信息都必须通过防火墙，这样防火墙便成为安全问题的检查点，使可疑的访问被拒之门外。

2. 防火墙的缺点

防火墙的优点很多，但它还是有缺点的，主要表现在以下几个方面。

1) 不能防范恶意的知情者

防火墙可以禁止系统用户经过网络连接发送专有的信息，但用户可以将数据复制到磁盘、磁带上，放在公文包中带出去。如果入侵者已经在防火墙内部，防火墙是无能为力的。内部用户偷窃数据，破坏硬件和软件，并且巧妙地修改程序而不接近防火墙。对于来自知情者的威胁，只能要求加强内部管理，如主机安全和用户教育等。

2) 不能防范不通过它的连接

防火墙能够有效地防止通过它进行传输信息，但不能防止不通过它而传输的信息。例如，如果站点允许对防火墙后面的内部系统进行拨号访问，那么防火墙绝对没有办法阻止入侵者进行拨号入侵。

3) 不能防范全部的威胁

防火墙用来防范已知的威胁，如果是一个很好的防火墙设计方案，可以防备新的威胁，但没有一个防火墙能自动防御所有的新的威胁。

4) 防火墙不能防范病毒

防火墙不能消除网络上的 PC 机的病毒。

3.1.7 防火墙的应用配置

网络防火墙基本上分为三大基本类型，但其实际应用配置的种类及形式十分繁多。最简单的防火墙是由高级路由器组成的，但目前市面上大部分的防火墙产品则是由计算机根据需求配置而来。一般防火墙也是安装在计算机操作系统之上，所有黑客也有可能先突破操作系统，进而控制防火墙系统，以突破管控，因此现在很多防火墙是直接与操作系统进行挂钩设计，作用于系统最低层；

或对操作系统进行定制，开发专属防火墙操作系统。一般来说，防火墙软件使用不只一种操作系统，并且网络的接口、拓扑、构架也各有不同。以下介绍一些常见的防火墙应用配置类型。

最简单的防火墙仅由单一的数据包过滤器组成，如图 3-8 所示。防火墙线路外部的使用者在穿过路由器的数据包过滤之后，才能接触到网络内部服务器。这种配置下的防火墙管理工作一定要非常严格，只让那些对存取有严格限制的服务如电子邮件等进入内部的网络系统，而一些危险性较高的服务如 Telnet，FTP 等则被阻挡在外。但其安全保护的层次太低，目前市面上的防火墙产品均会提供更高层次的防护功能。

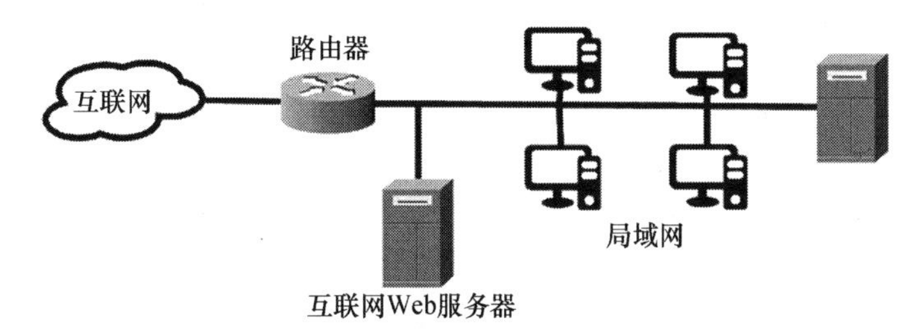

图 3-8　单一的数据包过滤器组成的防火墙

一般在小型的网络中，单一防火墙会同时提供数据包过滤与代理程序的双重功能。通常情况下系统会将具有数据包过滤功能的路由器建为网络的第一道防火墙，而在内部网络用另一台主机作为应用层防火墙，这种配置也称为屏蔽主机网关(Screened Host Gateway)，如图 3-9 所示。这样，位于代理服务器前端的路由器就可以不必先经过复杂的组状态来过滤数据包。此为防火墙产品的最基本形态。

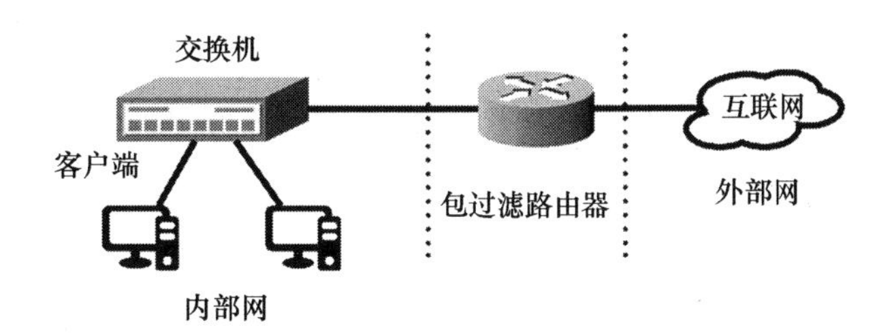

图 3-9　屏蔽式主机网关

中型网络的防护可以采用如图 3-10 的构架，组成屏蔽式子网，提供内外部的各种服务，将风险和处理能力分散到其他各主机之上，尽可能地提高数据的处理能力和安全防护。

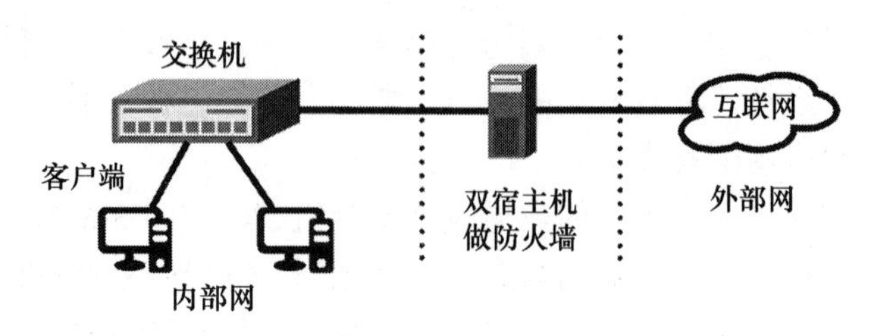

图 3-10　屏蔽式子网

对于较大型的网络，可以采用具有更高安全级别的双屏蔽式子网，如图 3-11 所示。在这种模式中，利用一对对数据包过滤器形成一个 DMZ 区，在 DMZ 内放置代理服务器与 WEB 服务器，这个区域的安全控制水平要低于内部网络，所以一些对安全防护级别较低的服务器可以放在此区域内，而它与内部网络之间再放置一台防火墙，提供进一步的防护。

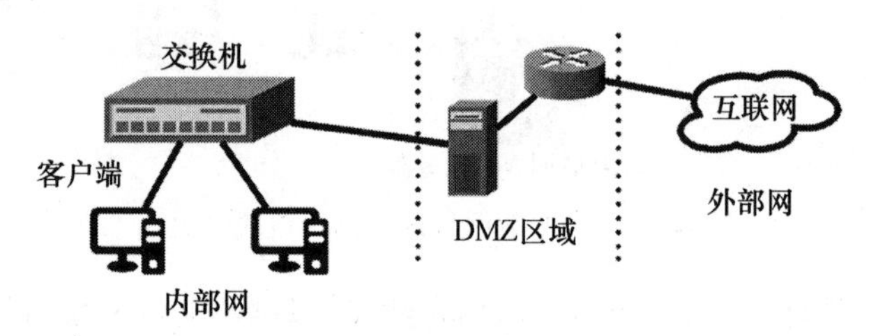

图 3-11　双屏蔽式子网

3.1.8　防火墙的选择

用户购买或配置防火墙，首先要对自身的安全需求做出分析。结合其他相关条件(如成本预算)，对防火墙产品进行功能评估，以审核其是否满足需要。例如，一般的中小型企业接入互联网的目的一般是为了内部用户浏览 Web 等，同时发布主页，这样的用户购买防火墙主要目的应在于保护内部(敏感)数据的安全，更为注重安全性，而对服务的多样性以及速度没有特殊要求，因而选用代理型防火墙较为合适。

而对许多大型电子商务企业，网站需要商务信息流通，防火墙对相应速度有较高要求，且还要保护置于防火墙内的数据库、应用服务器等，建议使用屏蔽路由器防火墙。

3.1.9　防火墙的测试

一个防火墙在部署完成之后，必须将整个系统做一番测试，以确认它能够正确运行。防火墙的测试一般有两种办法。一个是从设计角度着手的“白盒测试”，另一个是从使用角度着手的“黑盒测试”。

1. 防火墙白盒测试

以设计为主要观点的白盒测试，通常强调防火墙系统的整体设计，且具有一定的假设情况和设计时的基准网络环境。在这种测试前，必须对防火墙的设计及其细节有深入的了解，才能做到完善的测试。

一个正式的防火墙产品应该做过完善详尽的白盒测试，并且有完善的产品测试报告。由于网络安全问题错综复杂，没有一个网络防火墙在设计时就能够考虑到日后网络的方方面面，处处严谨而又周密，因此在购置现成的网络产品时，应向厂商查询该产品测试的详细项目、步骤及测试结果。如果防火墙软件是从网络上下载的软件，则更要做一系列的安全测试工作，才能放心使用。

美国国际安全计算机协会(ICSA)制定了一套防火墙验证方法，相当于橘皮书中的C2安全等级。如果防火墙产品的说明书有“Certified by ICSA”标识，就表示该防火墙的产品通过ICSA一系列监测合格的产品，应较有品质保证。

2. 防火墙黑盒测试

从设计的角度测试防火墙，需要先知道防火墙的设计原理和设计时的环境因素等，才能做到比较实际的测试工作。而黑盒测试则是不管防火墙内部是如何设计的，只试图从外面进入防火墙，看看是否可以将这个非法进入的测试阻挡，也就是说它从使用者的角度着手去测试，不管它是如何建造的，只要能达到防护就好。这种黑盒测试工作，可以确认防火墙系统或产品安装或配置的正确性，并可以测试出是否可以防御已知的安全漏洞。黑盒测试虽然是从使用者的角度来进行，但执行者仍必须对网络安全有深入的了解，如哪些是黑客常用的伎俩、哪些是网络已知的安全漏洞等网络专业知识。现在有一种名为防火墙穿透的测试方法，也是防火墙黑盒测试的一种办法。

黑盒测试的进行通常会先列出测试的工作清单，如所有已知的安全漏洞，然后根据清单一项一项地执行安全测试工作。在执行测试前，应该先将网络环境资料收集齐全，以便在发现漏洞时，可以详细地记录下相关的网络资料。目前已有许多现成的黑盒测试程序，如SATAN(Security Administrator Tool for Analyzing Network)和ISS(Internet Security Scanner)等，均是目前十分著名的扫描工具。

但值得注意的是，黑盒测试工作只能发现那些已知的安全漏洞，也只能防御那些传统手法闯入的黑客。由于黑客闯入的方法不断翻新，执行过一次黑盒测试，并不代表防火墙从此就可以刀枪不入，再不受黑客的侵犯。因此防火墙黑盒测试要经常进行，随时注意有没有新发现的安全漏洞，而网络管理人员也要随时注意网络安全的最新动态。不论是使用哪种防火墙，不论该防火墙产品设计得多么严密，一个错误的参数设定就会使整个防火墙系统产生安全隐患，而成为黑客登堂入室、趁火打劫的捷径，因此每日的常规核查是绝对重要的。

在理想的情况下，白盒测试和黑盒测试都要进行，以免因一些疏忽造成网络防火墙不能防护。如果防火墙软件是从网络上下载而来，再加以修改的话，那么白盒测试一定要进行；如果防火墙是采购而来的产品，即使产品的销售商已经做了白盒测试工作，并提供了测试报告，还是要对防火墙的安装及配置工作进行详尽的黑盒测试。

不过从另外一个角度来看，防火墙产品的评估应该不只在于它拒绝服务、阻止入侵者的能力，相对地来说，也应该强调防火墙可以在有效率、结构化、且安全的环境下提供使用者所要求的服务。只有当两者都兼顾，才能算是一个完整的测试评估工作。

3.2 用 Iptables 构建 Linux 防火墙

本节通过使用 Iptables 构建防火墙，来展示在 Linux 操作系统下防火墙的构建过程。Iptables 是最常用、最高效、使用时间最长的防火墙软件，而市面上大多硬件防火墙均基于 Linux 开发，所以在 Linux 上搭建 Iptables 防火墙有非常好的演示意义。

1. 实验目的

(1) 掌握防火墙的基本架构；

(2) 掌握利用 Iptables 构建 Limix 防火墙的基本方法；

(3) 掌握利用 Iptables 实现 NAT 代理、IP 伪装等高级设置；

(4) 掌握简单的 Shell 脚本语言编程。

2. 实验原理

静态包过滤器是最基本的防火墙，静态数据包过滤发生在网络层上，也就是 OSI 模型的第三层上。对于静态包过滤防火墙来说，决定接受还是拒绝一个数据包，取决于对数据包中的 IP 头和协议头的特定区域的检查，这些特定的区域包括数据源地址、目的地址、应用或协议、源端口号、目的端口号等。

Iptables 软件是 Netfilter 框架下定义一个包过滤子系统。Netfilter 作为中间件在协议栈中提供了一些钩子函数(Hooks)，用户可以利用钩子函数插入自己的程序，扩展所需的功能。图 3-12 说明了 IPv4 中数据包经过 Netfilter 的过程。从图中可以看到 IPv4 中 5 个钩子函数的放置位置，函数定义在内核头文件 linux/netfilter-ipv4.h 中。

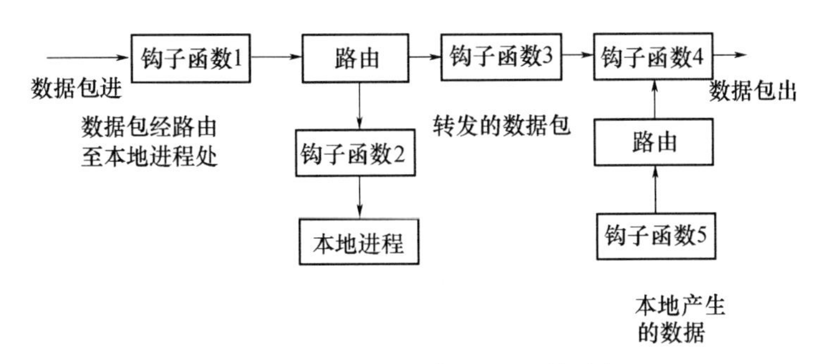

图 3-12　数据包经过 netfilter 的过程

下面以 Iptables-filter 模块的工作流程为例，简单介绍一下 Netfilter/Iptables 的工作过程。当一个包进来的时候，也就是从以太网卡进入防火墙时，内核首先根据路由表决定包的目标。如果目标主机就是本机，则直接进入 INPUT 链，再由本地正在等待该包的进程接收；如果从以太网卡进来的数据包的目标不是本机，再看是否内核允许转发包，如果不允许转发则包被丢掉，如果允许转发则送出本机。该包不经过 INPUT 或者 OUTPUT 链，因为路由后的目标不是本机，只被转发规则应用。最后，该 Linux 防火墙主机本身能够产生包，这种包只经过 OUTPUT 链发送出去。

3. 实验环境

1) 环境搭建

(1) 准备普通 PC 一台；

(2) 在该 PC PCI 插槽上安装两个以太网卡；

(3) 在该 PC 上安装 RedHat Linux 操作系统。

在装有 Linux-2.4 的 PC 上，可以直接利用 Iptables 实现防火墙功能。利用命令 Service Iptables Start 或者在启动菜单中启动该服务，并根据下面的参数说明，设置规则，然后利用本机的网络访问进行测试。

2) Iptables 参数说明

Iptables 参数如表 3-2～表 3-6 所列，其格式为 Iptables[链][动作][表][命令][执行参数]。

表 3-2　链参数表

命　令	解　释
Iptables-[RI]chainrulenumrule-specification[option]	用 Iptables-RI 通过规则的顺序指定
Iptables-Dchainrulenum[option]	删除指定规则
Iptables-[LFZ][chain][option]	用 Iptables-LFZ 链名[选项]

(续)

命　令	解　　释
Iptables-[NX]chain	用-NX 指定链
Iptables-Pchaintarget[options]	指定链的默认目标
Iptables-Eold-chain-namenew-chain-name	用新的链名取代旧的链名

表 3-3　动作参数

命　令	解　　释
ACCEPT	让这个包通过
DROP	将这个包丢弃
QUEUE	把这个包传递到用户空间
RETURN	停止这条链的匹配，到前一个链的规则重新开始

表 3-4　表参数

命令	解　　释
Filter	默认的表，包含了内建的链 INPUT(处理进入的包)、FORWORD(处理通过的包)和OUTPUT(处理本地生成的包)
Nat	这个表被查询时表示遇到了产生新连接的包，由三个内建的链组成：PREROUTING(修改到来的包)、OUTPUT(修改路由之前本地的包)、POSTROUTING(修改准备出去的包)
Mangle	用来对指定的包进行修改。它有两个内建规则：PREROUTING(修改路由之前进入的包)和 OUTPUT(修改路由之前本地的包)

表 3-5　命令参数

参数	解　　释
-A-append	在所选择的链末添加一条或更多规则
-D-delete	从所选链中删除一条或更多规则
-R-replace	从选中的链中取代一条规则
-I-insert	根据给出的规则序号向所选链中插入一条或更多规则
-L-list	显示所选链的所有规则
-F-flush	清空所选链
-Z-zero	把所有链的包及字节的计数器清空
-N-new-chain	根据给出的名称建立一个新的用户定义链
-X-delete-chain	删除指定的用户自定义链
-P-policy	设置链的目标规则
-E-rename-chain	根据用户给出的名字对指定链进行重命名

表 3-6 执行参数表

参 数	解 释
-p-protocol[]protocol	规则或者包检查(待检查包)的协议。指定协议可以是 TCP、UDP、ICMP 中的一个或者全部
-s-source[]address[/mask]	指定源地址，可以是主机名、网络名和清楚的 IP 地址
-d-destination[]address[/mask]	指定目标地址
-j-jumptarget	目标跳转
-i-in-interface[][name]	进入的(网络)接口
-o-out-interface[][name]	输出接口名

其他参数可以用命令 Man Iptables 获取。

3) 实际应用

以下命令为 Linux 下的 Shell 脚本命令，可以直接执行，或者编写到脚本文件中，增加其可执行属性，直接执行即可。其中，为首的语句为脚本命令解释行。

```
#打开 IP 伪装功能(路由)
iptables-t nat-A POSTROUTING-s 172.16.0.0/24-j ACCEPT
#打开 forward 功能
echo"1">/proc/sys/net/ipv4/ip_forward
#清除预设表 filter 中，所有规则链中的规则
Iptables-F
#设定 filtertable 的预设政策
iptables-P INPUTDROP iptables-P OUTPUT DROP
iptables-P FORWARD DROP
#对 input 链进行限制，来自内部网络的封包无条件放行
iptables-A INPUT-s 172.16.0.0/24-j ACCEPT
iptables-A INPUT-s 192.168.0.254-j ACCEPT
#从 WAN 进入防火墙主机的所有封包，检查是否为响应封包，若是则予以放行
iptables-A INPUT 172.16.0.0/24-m state--state ESTABLISHED,
RELATED-j AC-CEPT
#对 output 链进行限制，所有输出全部放行
iptables-A OUTPUT-j ACCEPT
#ping 命令的限制，本机可以 ping 别的机子，而阻止别机 ping 本机
Iptables-A FORWARD-p icmp-s 172.16.0.0/24 --icmp-type 8-j ACCEPT
```

iptables-A FORWARD-p icmp --icmp-type 0-d 172.16.0.0/24-j ACCEPT

#以下命令设置用于连接外部网络

#开放内部网路可以连接外部网路。打开对外部主机的 HTTPport80-83

iptables-A FORWARD-o eth0 -p tcp--s 172.16.0.0/24 -sport 1024:65535 - -d port80:83-j ACCEPT

iptables-A FORWARD-i eth0-p tcp--sport80:83-d 172.16.0.0/2 --dport1024: 65535-j ACCEPT

#以下是设置用于远程控制的命令

#开放内部主机可以 telnet 至外部的主机，开放内部网路，可以 telnet 至外部主机

iptables-A FORWARD-o eth0-p tcp-s 172.16.0.0/24-sport 1024:65535-dport 23-j ACCEPT

iptables-A FORWARD-i eth0 -p tcp-s 192.168.110/32--sport 23-d 172.16.0.0/24-dport1024:65535-j ACCEPT

#以下命令用于设置 email 服务。别人可以发信给你，使用 smtp 协议和 25 端口

iptables-A FORWARD-i eth0-p tcp--sport 1024: 65535-d 172.16.0.0/24 --dport25-j ACCEPT

iptables-A FORWARD-o eth0-p tcp-s yn-s 172.16.0.0/24--sport25 --dport1024: 65535-j ACCEPT

#开放内部网路可以对外部网路的 POP3server 取信件

iptables-A FORWARD-o eth0-p tcp-s 172.16.0.0/24 --sport1024:65535--d port110-j ACCEPT

iptables-A FORWARD-i eth0-p tcp--sport 110-d172.16.0.0/24—dport 1024:65535-j ACCEPT

#设置 FTP 服务。打开控制连接端口 21 和数据传输端口 20。

iptables-A FORWARD-o eth0-p tcp-s 172.16.0.0/24 --sport1024: 65535 --dport20: 21-j ACCEPT

iptables-A FORWARD-i eth0-p tcp --sport20:21-d 172.16.0.0/24 --dport1024: 65535-j ACCEPT

4. 实验步骤

1) 在 Linux 环境下进行系统初始化操作

(1) 清除预设表 Filter 中所有规则链中的规则；

(2) 添加规则；

(3) 删除规则；

(4) 查看规则。

2) 设定 Filter Table 的预设政策

将所有政策预设为拒绝，并进行网络检验。

3) 进行 Ping 命令限制

分别完成以下操作，并掌握其检验方法。

(1) 本机可以 Ping 他机，而阻止他机 Ping 本机；

(2) 他机可以 Ping 本机，而阻止本机 Ping 他机；

(3) 本机可以 Ping 他机，同时允许他机 Ping 本机。

4) 进行端口命令的设置

分别完成以下操作，并掌握其检验方法。

(1) 开放或者禁止局域网访问外部网站；

(2) 利用 Vsftpd 为远端提供 FTP 服务，通过防火墙进行读取限制；

(3) 提供 Telnet 服务，但禁止某些外部 IP 访问；

(4) 禁止 Telnet 服务的端 IP。

5) 进行地址伪装命令的设置

将本地地址伪装为 163.26.197.8，并进行检验。

5. 实验报告

利用 Iptables 实现 Linux 防火墙功能如表 3-7 所列。请在此表的空白处填入适当内容。

表 3-7 利用 Iptables 实现 Linux 防火墙功能

规则操作	规则脚本	规则参数说明
查看所有规则		
删除所有规则		
预设链的策略为拒绝		
本机可以 Ping 他机，而阻止他机 Ping 本机		
他机可以 Ping 本机，阻止本机 Ping 他机		
开放局域网访问外部网站		
禁止局域网访问外部网站		
利用 Vsftpd 为远端提供 FTP 服务，开放服务		
利用 Vsftpd 为远端提供 FTP 服务，禁止服务		
提供 Telnet 服务，但禁止某些外部 IP 访问		
提供 Telnet 服务，关闭服务端口		
将本地地址伪装为 163.26.197.8		

6. 思考题

(1) 为什么通常要把所有链的预设策略都设置成 DROP?

(2) 如果规则链中有两条规则是互相矛盾的，例如前一条是禁止某个端口，后一条是打开这个端口，请问这会出现什么情况？

(3) 考虑限制实现其他常见的网络功能，例如 FTP、远程控制、QQ 服务等的实现。

第 4 章　入侵检测技术

计算机安全的三大中心目标是保密性(Confidentiality)、完整性(Integrity)、可用性(Availability)。人们在实现这些目标的过程中不断进行着探索和研究。其中比较突出的技术有身份认证与识别技术、访问控制机制技术、加密技术、防火墙技术等。但是这些技术的一个共同特征就是集中在系统的自身加固和防护上，属于静态的安全防御技术，对于网络环境下日新月异的攻击手段缺乏主动的反应，这种形势下入侵检测技术应运而生。它是一种动态安全技术，专门针对日益严重的网络安全问题和越来越突出的安全需求。

4.1　入侵检测技术的基本原理

入侵检测(Intrusion Detection Systems，IDS)，顾名思义，是指对入侵行为的发现、报警和响应，它通过在计算机网络或计算机系统中的若干关键点收集信息，并对收集到的信息进行分析，从而判断网络或系统中是否有违反安全策略的行为和被攻击的迹象。

4.1.1　入侵检测系统的产生

国际上在 20 世纪 70 年代就开始了对计算机和网络遭受攻击进行防范的研究，审计跟踪是当时的主要方法。1980 年 4 月，James P Anderson 为美国空军做了一份题为 *Computer Security Threat Monitoring and Surveillance*（《计算机安全威胁监控与监视》)的技术报告，第一次详细阐述了入侵检测的概念。他提出了一种对计算机系统风险和威胁的分类方法，并将威胁分为外部渗透、内部渗透和不法行为三种；还提出了利用审计跟踪数据监视入侵活动的思想。这份报告被公认为是入侵检测的开山之作。

Anderson 还建议对用户行为进行统计分析，确定系统使用的不寻常模式，进而找出隐藏着的黑客。这个已被验证了的建议是另一个入侵检测的里程碑，即 IDES(入侵检测专家系统)方案。

1980 年，Anderson 在《计算机安全威胁的监控与监视》报告中提出，必须改变现有的系统审计机制，为专职系统安全人员提供安全信息，被认为是有关IDS的最早论述。其中，他首先提出了入侵检测的概念，将入侵尝试(Intrusion Attempt)或威胁(Threat)定义为：潜在的、有预谋的且未经授权而访问信息、操作信息、致使系统不可靠或无法使用的企图。Anderson提出审计追踪可应用于监视入侵威胁，但这一设想的重要性当时并未被理解。

1987年，Dorothy E Denning提出入侵检测系统的抽象模型(图4-1)，首次将入侵检测的概念作为一种计算机系统安全防御问题的措施提出。与传统加密和访问控制的常用方法相比，入侵检测技术属于全新的计算机网络安全措施。

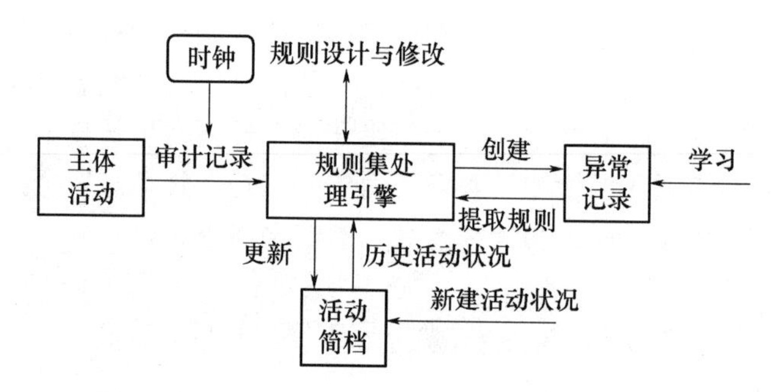

图4-1　Denning提出的入侵检测系统的抽象模型

Denning提出的入侵检测系统的抽象模型包括：①主体(Subjects)，是指在目标系统上活动的实体，如用户。②对象(Objects)，是指系统资源，如文件、设备、命令等。③审计记录(Audit Records)，由主体、活动(Action)、异常条件(Exception-Condition)、资源使用状况(Resource-Usage)和时间戳(Time Stamp)等组成，其中：活动是指主体对目标的操作；异常条件是指系统对主体活动的异常情况的报告；资源使用状况是指系统的资源消耗情况。④活动档案(Active Profile)，即系统正常行为模型，用来保存系统正常活动的有关信息。在各种检测方法中，其实现各不相同，在统计方法中可以从事件数量、频度、资源消耗等方面度量。⑤异常记录(Anomaly Record)，由事件、时间戳和审计记录组成，用来表示异常事件的发生情况。⑥活动规则(Active Rule)，用来判断是否为入侵的推断及采取相应的行动。一般采用系统正常活动模型为准则，根据专家系统或统计方法对审计记录进行分析处理，在发现入侵时采取相应的对策。

1988年，Teresa Lunt等进一步改进了Denning提出的入侵检测系统的抽象模型，并实际开发了IDES(Intrusion Detection Expert System)，该系统用于检测单一主机的入侵尝试，提出了与系统平台无关的实时检测思想。该系统包括一个异常检测器和一个专家系统，分别用于统计异常模型的建立和基于规则的特征分析检测。

1995 年开发的 NIDES(Next-Generation Intrusion Detection Expert System)作为 IDES 完善后的版本可以检测出多个主机上的入侵。

1990 年是入侵检测系统发展史上十分重要的一年。这一年，美国加州大学戴维斯分校的 L.T.Heberlein 等提出了一个具有里程碑意义的新型概念，即基于网络的入侵检测——网络安全监视器 NSM(Network Security Monitor)。该系统第一次直接将网络流作为审计数据来源，因而可以在不将审计数据转换成统一格式的情况下监控异种主机，为入侵检测系统的发展翻开了新的一页。此后，两大阵营正式形成：基于网络的 IDS 和基于主机的 IDS。

1988 年的“莫里斯”蠕虫事件发生后，网络安全才真正引起了军方、学术界和企业的高度重视。美国空军、国家安全局和能源部共同资助空军密码支持中心、劳伦斯利弗摩尔国家实验室、加州大学戴维斯分校、Haystack 实验室，开展对分布式入侵检测系统 DIDS(Distribute Intrusion Detection System)的研究，将基于主机和基于网络的检测方法集成到一起。DIDS 是分布式入侵检测系统历史上的一个里程碑式的产品，它的检测模型采用了分层结构，分数据、事件、主体、上下文、威胁、安全状态等 6 层。

20 世纪 90 年代以来，入侵检测系统的研发呈现出百家争鸣的繁荣局面，并在智能化和分布式两个方向取得了重大的进展。目前，SRI / CSL、普渡大学、加州大学戴维斯分校、洛斯阿拉莫斯国家实验室、哥伦比亚大学、新墨西哥大学等机构在这些方面的研究代表了当前的最高水平。

1994 年，Mark Crosbie 和 Gene Spafford 建议使用自治代理(Autonomous Agents)以提高 IDS 的可伸缩性、可维护性、效率和容错性，该理念非常符合计算机科学其他领域(如软件代理)正在进行的相关研究。另一个致力于解决当代绝大多数入侵检测系统伸缩性不足的方法于 1996 年提出，这就是 GrIDS(Graph-based Intrusion Detection System)的设计和实现，该系统可以方便地检测大规模自动或协同方式的网络攻击。

近年来，入侵检测技术研究的主要创新有：Forrest 等将免疫学原理运用于分布式入侵检测领域；1998 年 Ross Anderson 和 Abida Khattak 将信息检索技术引进入侵检测；采用状态转换分析、数据挖掘和遗传算法等进行使用和异常检测等。

4.1.2 入侵检测技术的原理

图 4-2 给出了入侵检测的基本原理图。入侵检测是用于检测任何损害或企

图损害系统的保密性、完整性或可用性的一种网络安全技术。它通过监视受保护系统的状态和活动，采用误用检测(Misuse Detection)或异常检测(Anomaly Detection)的方式，发现非授权的或恶意的系统及网络行为，为防范入侵行为提供了有效的手段。

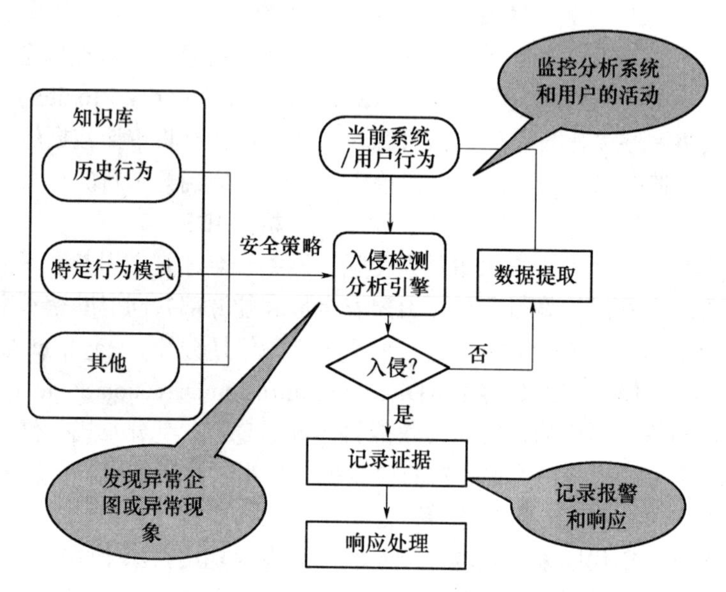

图 4-2　入侵检测的基本原理

入侵检测系统就是执行入侵检测任务的硬件或软件产品。入侵检测提供了用于发现入侵攻击与合法用户滥用特权的一种方法。其应用前提是入侵行为和合法行为是可区分的，即可以通过提取行为的模式特征来判断该行为的性质。一般地，入侵检测系统需要解决两个问题：如何充分并可靠地提取描述行为特征的数据；如何根据特征数据，高效并准确地判定行为的性质。

入侵检测技术广泛采用了与反病毒软件查杀病毒类似的机制。不同的是，杀毒软件分析的是文件内容，而 IDS 则通过分析数据包内容，检测来自网络的未经许可的访问、资源请求等可疑活动，从已知的攻击类型中发现是否有人正在试图攻击网络或者主机，并成功捕获攻击。利用入侵检测系统收集的信息，网络管理或者安全管理人员能够采取有效措施加固自己的系统，从而避免造成更多损失。除了检测攻击外，IDS 还能记录下网络入侵者的罪证，以便采取进一步的法律措施。这些可以通过执行以下任务实现，主要包括：

(1) 监视、分析用户和系统活动；

(2) 审计系统的配置和漏洞；

(3) 识别已知进攻模式；

(4) 异常活动的统计分析；

(5) 评估关键系统和数据文件的完整性；

(6) 对操作系统和其他应用程序的日志进行审计，识别用户违反安全策略的行为；

(7) 实时报警和主动响应。

与防火墙类似，市场上的 IDS 同时存在硬件系统、软件系统或二者结合的产品。一般 IDS 软件与防火墙、代理服务或其他边界服务可以运行于同一台硬件设备或服务器。

入侵检测的目标是识别系统内部人员和外部入侵者的非法使用、滥用计算机系统的行为。入侵检测技术是继防火墙、信息加密等传统安全保护方法之后的新一代安全保障技术，它就像交通灯、摄像头一样，对攻击者起到了一种威慑作用，能够对入侵行为，特别是常规的入侵行为，实施有效的检测，对网络安全起到了很好的保护作用。

入侵检测技术包括基于主机的入侵检测技术和基于网络的入侵检测技术两种，如图 4-3 所示。

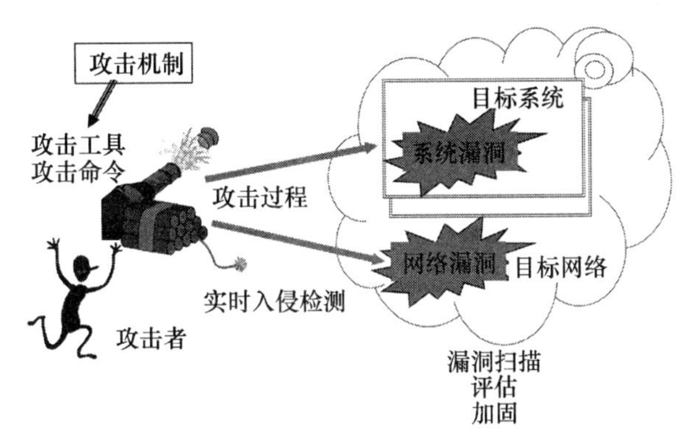

图 4-3　入侵检测(IDS)示意图

4.1.3　入侵检测系统的基本结构

由于网络环境和系统安全策略的差异，入侵检测系统在具体实现上也有所不同。从系统构成上看，入侵检测系统包括事件提取、入侵分析、入侵响应和远程管理四大部分，另外还可能结合安全知识库、数据存储等功能模块，提供更为完善的安全检测及数据分析功能，如图 4-4 所示。

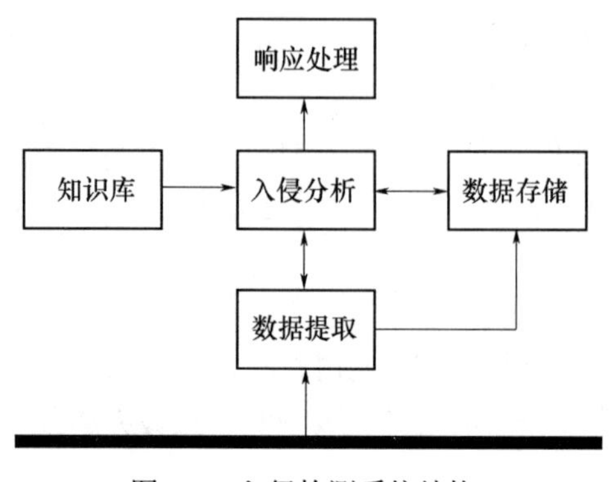

图 4-4　入侵检测系统结构

简单来说，IDS 包括 3 个部分：

(1) 提供事件记录流的信息源，即对信息的收集和预处理；

(2) 入侵分析引擎；

(3) 基于分析引擎的结果产生反应的响应部件。

从上述的定义可以看出，入侵检测的一般过程是信息收集、信息(数据)预处理、数据的检测分析、根据安全策略做出响应，如图 4-5 所示。

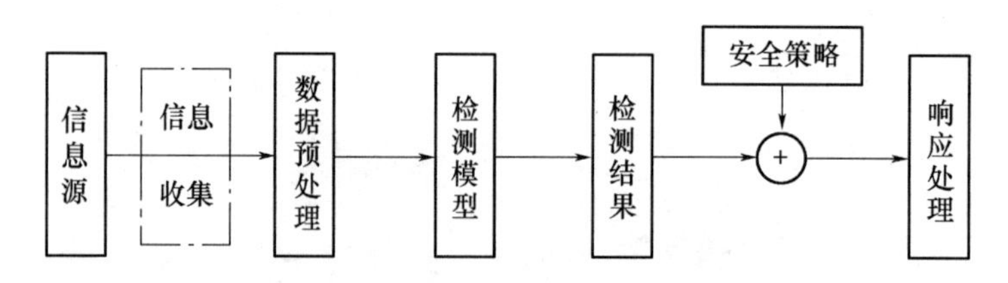

图 4-5　入侵检测系统的一般过程

一般情况下，可以采用一个防火墙或者类似的认证系统阻止未授权访问。然而，有时简单的防火墙措施或者认证系统可能被攻破。

入侵检测(如图 4-6 所示)是在适当的位置上一系列对计算机未授权访问进行警告的机制。对于假冒身份的入侵者，入侵检测系统也能采取一些措施来拒绝其访问。

入侵检测系统基本上不具有访问控制的能力，它就像是一个有着多年经验、熟悉各种入侵方式的网络侦察员，首先通过对数据包流的分析，可以从数据流中过滤出可疑数据包，然后通过与已知的入侵方式进行比较，确定入侵是否发生以及入侵的类型并进行报警。

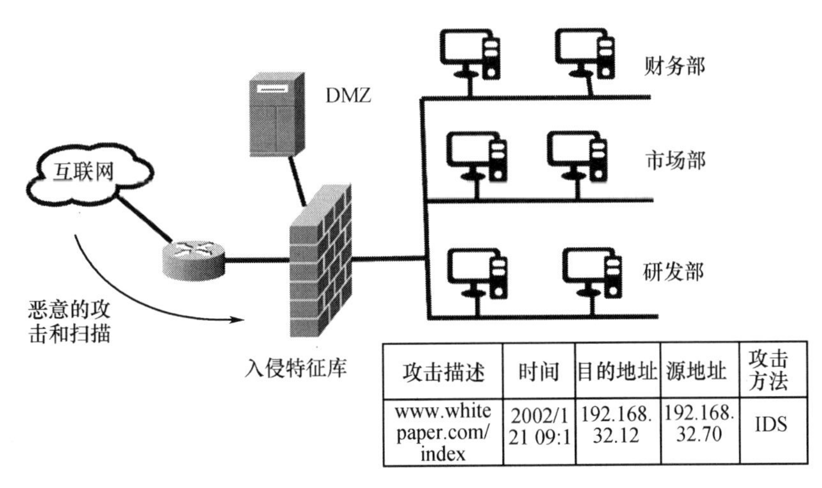

攻击描述	时间	目的地址	源地址	攻击方法
www.whitepaper.com/index	2002/1 21 09:1	192.168.32.12	192.168.32.70	IDS

图 4-6　一个入侵检测系统实例

网络管理员可以根据这些报警确切地知道所受到的攻击并采取相应的措施。可以说，入侵检测系统是网络管理员经验积累的一种体现，它极大地减轻了网络管理员的负担，降低了对网络管理员的技术要求，提高了网络安全管理的效率和准确性。

入侵检测能主动发现网络中正在进行的针对被保护目标的恶意滥用或非法入侵，并能采取相应的措施及时终止这些危害，如提示报警、阻断连接、通知网管等。它的主要功能是检测并分析用户和系统的活动、核查系统配置中的安全漏洞、评估系统关键资源与数据文件的完整性、识别现有的已知攻击行为或用户滥用、统计并分析异常行为、对系统日志的管理维护。

入侵检测系统可以在攻击的前期准备时期或是在攻击刚刚开始的时候进行确认并发出警报。同时，入侵检测系统可以对报警的信息进行记录，为以后的一系列实际行动提供证据支持。这就是入侵检测系统的预警功能。

入侵检测一般采用旁路侦听的机制，因此不会产生对网络带宽的大量占用，系统的使用对网内外的用户来说是透明的，不会有任何的影响。入侵检测系统的单独使用不能起到保护网络的作用，也不能独立地防止任何一种攻击。但它是整个网络安全系统的一个重要的组成部分，它所扮演的是网络安全系统中侦察与预警的角色，协助网络管理员发现并处理任何已知的入侵。

可以说，它弥补了防火墙在高层上的不足，是对其他安全系统有力的补充。通过对入侵检测系统所发出警报的处理，网络管理员可以有效地配置其他的安全产品，以使整个网络安全系统达到最佳的工作状态，尽可能降低因攻击而带来的损失。

一个黑客在到达攻击目标之前需要攻破很多的设备(如路由器、交换机)、系统(如 Windows NT、UNIX)和防火墙的障碍。在黑客达到目标之前的时间，称为防护时间 *Pt*；在黑客攻击过程中，检测到他的活动的所用时间称为 *Dt*；检测到黑客的行为后，需要做出响应，这段时间称为 *Rt*。假如能做到 $Dt+Rt<Pt$，那么目标系统是安全的。

入侵检测的一般步骤如图 4-7 所示。

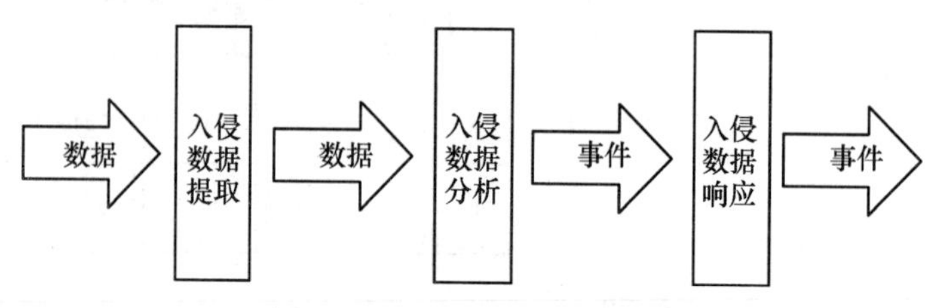

图 4-7　入侵检测的一般步骤

4.2　入侵检测系统分类

4.2.1　入侵检测系统的种类

由于入侵检测是个典型的数据处理过程，因而数据采集是第一步。同时，针对不同的数据类型，所采用的分析机理也是不一样的。

鉴于入侵检测系统功能和体系结构的复杂性，入侵检测按照不同的标准有多种分类方法。根据数据源、检测理论、检测时效的不同，入侵检测系统可以分为基于主机的入侵检测系统、基于网络的入侵检测系统和分布式入侵检测系统(混合型)。根据数据分析方法(也就是检测方法)的不同，入侵检测系统可以分为异常检测和误用检测。根据数据分析发生的时间不同，入侵检测系统可以分为离线检测系统与在线检测系统。根据系统各个模块运行的分布方式不同，入侵检测系统可以分为集中式检测系统和分布式检测系统。

除此之外，还有基于内核的高性能入侵检测系统和两大类相结合的入侵检测系统。这些类别是两个主要类两大类相结合的入侵检测系统，是两个主要类别的延伸和综合。

(1) 基于主机。

安全操作系统必须具备一定的审计功能，并记录相应的安全性日志。

(2) 基于网络。

IDS 可以放在防火墙或者网关的后面，以网络嗅探器的形式捕获所有的对内对外的数据包。

(3) 基于内核。

从操作系统的内核接收数据，如 LIDS。

(4) 基于应用。

从正在运行的应用程序中收集数据。

1. 基于主机的入侵检测系统(Host-Based Intrusion Detection System，HIDS)

基于主机的入侵检测系统通常以系统日志、应用程序日志等审计记录文件作为数据源，如图 4-8 所示。

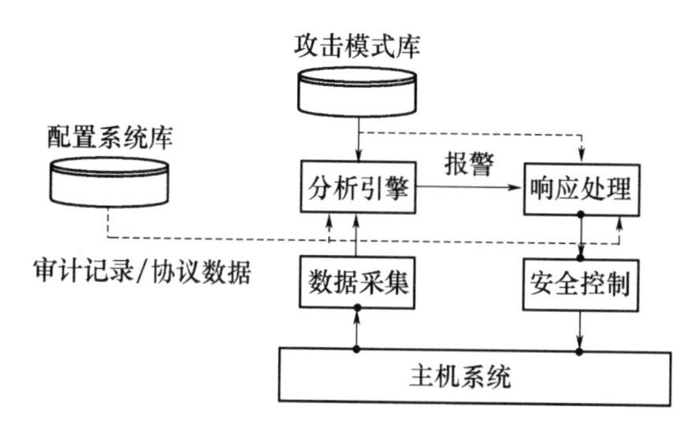

图 4-8 基于主机的入侵检测系统方案

它是通过比较这些审计记录文件的记录与攻击签名(Attack Signature，即用一种特定的方式来表示已知的攻击模式)以发现它们是否匹配。如果匹配，检测系统就向系统管理员发出入侵报警并采取相应的行动。

基于主机的 IDS 可以精确地判断入侵事件，并对入侵事件做出快速反应。它还可以针对不同操作系统的特点，判断出应用层的入侵事件。

按照检测对象不同，基于主机的入侵检测系统可分为两类：

(1) 网络连接检测。

主要是对试图进入该主机的数据流进行检测，分析确定是否有入侵行为，避免或减少这些数据流进入主机系统后造成损害。

(2) 主机文件检测。

主机主要检测以下三类文件：①系统日志；②文件系统；③进程记录。

早期的入侵检测系统大多数都是基于主机的 IDS。作为入侵检测系统的一大重要类型，它具有明显的特点：

(1) 能够确定攻击是否成功。

由于基于主机的 IDS 使用包含有确实已经发生的事件的日志文件作为数据源，因而比基于网络的 IDS 更能准确地判断出攻击是否成功。在这一点上，基于主机的IDS可谓是基于网络的IDS的完美补充。

(2) 非常适合于加密和交换环境。

基于网络的IDS是以网络数据包作为数据源，因而对于加密环境来讲，它是无能为力的；但对于基于主机的IDS就不同了，因为所有的加密数据在到达主机之前必须被解密，这样才能被操作系统所解析。对于交换网络来讲，基于网络的IDS在获取网络流量上面临着很大的挑战，但基于主机的IDS就没有这方面的限制。

(3) 近实时的检测和响应。

基于主机的 IDS 不能提供真正的实时响应，但是由于现有的基于主机的IDS 大多采取的是在日志文件形成的同时获取审计数据信息，因而就为近实时的检测和响应提供了可能。

(4) 不需要额外的硬件。

基于主机的 IDS 是驻留在现有的网络基础设施之上的，包括文件服务器、Web服务器和其他的共享资源等，这样就减少了基于主机的IDS的实施成本。因为不再需要增加新的硬件，所以也就减少了以后维护和管理这些硬件设备的负担。

(5) 可监视特定的系统行为。

基于主机的IDS可以监视用户和文件的访问活动，包括文件访问、文件权限的改变、试图建立新的可执行文件和试图访问特权服务等。基于主机的 IDS可以监视所有的用户登录及注销情况，以及每个用户连接到网络以后的行为，而基于网络的IDS就很难做到这一点；基于主机的IDS还可以监视通常只有管理员才能实施的行为，因为操作系统记录了任何有关用户账号的添加、删除、更改的情况，一旦发生了更改，基于主机的IDS就能检测到这种不适当的更改；基于主机的IDS还可以跟踪影响系统日志记录的策略的变化；基于主机的IDS可以监视关键系统文件和可执行文件的更改，试图对关键的系统文件进行覆盖或试图安装特洛伊木马或后门程序的操作都可以检测出来并被终止，而基于网络的IDS很难做到这一点。

除了上述的优点外，基于主机的IDS也存在一些不足：它会占用主机的系统资源，增加系统负荷；而且针对不同的操作系统必须开发出不同的应用程序，造成所需配置的IDS数量众多。

总体而言，基于主机的IDS对系统内在的结构没有任何的约束，同时可以利用操作系统本身提供的功能，并结合异常检测分析，能准确地报告攻击行为。

基于主机的入侵检测系统具有以下优点：

(1) 检测准确度较高；

(2) 可以检测到没有明显行为特征的入侵；

(3) 能够对不同的操作系统进行有针对性的检测；

(4) 成本较低；

(5) 不会因网络流量影响性能；

(6) 适于加密和交换环境。

基于主机的入侵检测系统具有以下不足：

(1) 实时性较差；

(2) 无法检测数据包的全部；

(3) 检测效果取决于日志系统；

(4) 占用主机资源；

(5) 隐蔽性较差；

(6) 如果入侵者能够修改校验和，这种入侵检测系统将无法起到预期的作用。

2. 基于网络的入侵检测系统(Network-Based Intrusion Detection System，NIDS)

基于网络的入侵检测系统以原始的网络数据包作为数据源，它是利用网络适配器来实时地监视并分析通过网络进行传输的所有通信业务的入侵检测系统，如图 4-9 所示。其攻击识别模块在进程中检测所有传输的通信业务，识别时常用的技术有：

(1) 模式、表达式或字节码的匹配；

(2) 频率或阈值的比较；

(3) 事件相关性处理；

(4) 异常统计检测。

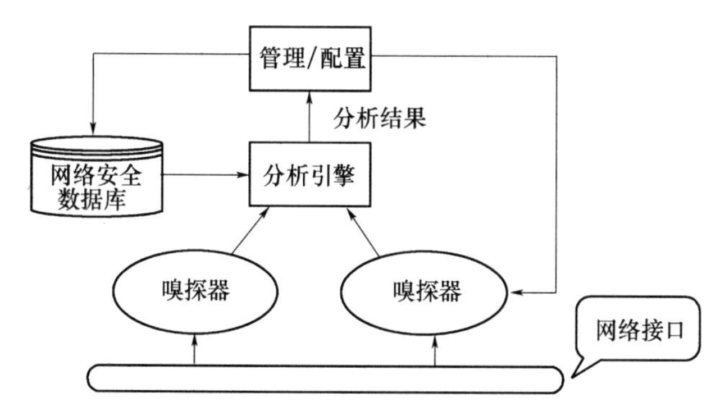

图 4-9　基于网络的入侵检测系统模型

一旦检测到攻击，IDS 的响应模块通过通知、报警以及中断连接等方式来对攻击行为作出反应。

基于网络的 IDS 可以执行以下任务：

(1) 检测端口扫描；

(2) 检测常见的攻击行为；

(3) 识别各种各样可能的 IP 欺骗攻击；

(4) 当检测到一个不希望的活动时，基于网络的 IDS 将采取包括干涉入侵者发来的通信，或重新配置附近的防火墙策略，以封锁从入侵者的计算机或网络发来的所有通信。

基于网络入侵检测系统和基于主机的入侵检测系统相比有以下不同特点：

(1) 攻击者转移证据更困难。

基于网络的 IDS 使用正在发生的网络通信进行实时攻击的检测，因此攻击者无法转移证据，被检测系统捕获到的数据不仅包括攻击方法，而且包括对识别和指控入侵者十分有用的信息。

由于很多黑客对审计日志很了解，因而他们知道怎样更改这些文件以藏匿他们的入侵踪迹，而基于主机的 IDS 往往需要这些原始的未被修改的信息来进行检测。在这一点上，基于网络的 IDS 有着明显的优势。

(2) 实时检测和应答。

一旦发生恶意的访问或攻击，基于网络的 IDS 可以随时发现它们，以便能够更快地作出反应。这种实时性使得系统可以根据预先的设置迅速采取相应的行动，从而将入侵行为对系统的破坏减到最低；而基于主机的 IDS 只有在可疑的日志文件产生后才能判断攻击行为，这时往往对系统的破坏已经产生了。

(3) 操作系统无关性。

基于网络的 IDS 并不依赖主机的操作系统作为检测资源，这样就与主机的操作系统无关，而基于主机的系统需要依赖特定的操作系统才能发挥作用。

(4) 能够检测到未成功的攻击企图。

有些攻击行为是旨在针对防火墙后面的资源的攻击(防火墙本身可能会拒绝这些攻击企图)，利用放置在防火墙外的基于网络的 IDS 就可以检测到这种企图；而基于主机的 IDS 并不能发现未能到达受防火墙保护的主机的攻击企图。通常，这些信息对于评估和改进系统的安全策略是十分重要的。

(5) 较低的成本。

基于网络的 IDS 允许部署在一个或多个关键访问点来检查所有经过的网络通信，因此基于网络的 IDS 系统并不需要在各种各样的主机上进行安装，大大减少了安全和管理的复杂性，所需的成本费用也就相对较低。

当然，对于基于网络的 IDS 来讲，同样有着一定的不足：

(1) NIDS 只检查它直接连接的网段的通信，不能检测在不同网段的网络包。在使用交换机的以太网环境中就会出现监测范围的局限，而安装多台网络入侵检测系统的传感器会使部署整个系统的成本大大增加。

(2) NIDS 为了提高性能通常采用特征检测的方法，它可以检测出一些普通的攻击，而很难检测一些复杂的需要大量分析与计算时间的攻击。

(3) NIDS 可能会将大量的数据传回分析系统中，在一些系统中，监听特定的数据包会产生大量的分析数据流量。一些系统在实现时采用一定的方法来减少回传的数据量，对入侵判断的决策由传感器实现，而中央控制台成为状态显示与通信中心，不再作为入侵行为分析器。这样的系统中的传感器协同工作能力较弱。

(4) NIDS 处理加密的会话过程较困难，目前通过加密通道的攻击尚不多，但随着 IPv6 的普及，这个问题会越来越突出。

3. 基于内核的入侵检测系统

基于内核的入侵检测系统是一种较新的技术，近年来才开始流行起来，特别是在 Linux 系统上。在 Linux 系统上目前可用的基于内核的入侵检测系统主要有 OpenWall 和 LIDS 两种。基于内核的入侵检测系统采取措施防止缓冲区溢出，增加文件系统的保护，封闭信号，从而使得入侵者破坏系统变得越来越困难。

4. 分布式入侵检测系统

从以上对基于主机的 IDS 和基于网络的 IDS 的分析可以看出：这两者各自都有着自身独到的优势，而且在某些方面是很好的互补。如果采用这两者结合的入侵检测系统，那将是汲取了各自长处，又弥补了各自不足的一种优化设计方案。通常，这样的系统一般为分布式结构，由多个部件组成，分布在网络的各个部分，完成相应的功能，如数据采集、数据分析等；通过中心控制部件进行数据汇总、分析、产生入侵报警等，它不仅能分析来自主机系统的审计数据的同时，也可以检测到针对整个网络上的主机的攻击。

分布式的 IDS 将是今后人们研究的重点，它是一种相对完善的体系结构，为日趋复杂的网络环境下的安全策略的实现提供了最佳的解决对策，如图 4-10 所示。

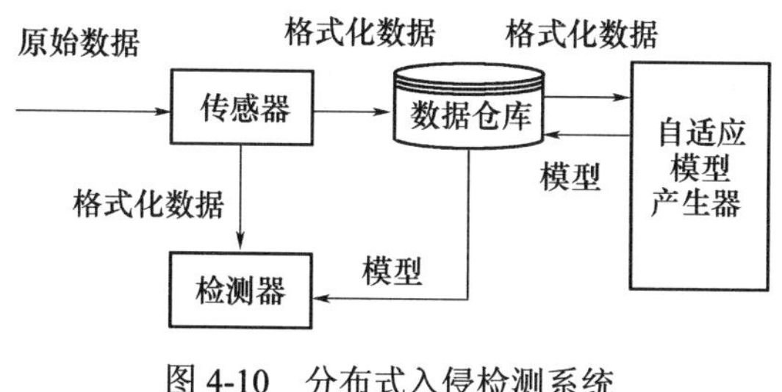

图 4-10　分布式入侵检测系统

5. 基于异常检测的模型(Abnormaly Detection Model)

这种模型的特点是首先总结正常操作应该具有的特征，建立系统正常行为的轨迹，那么理论上可以把所有与正常轨迹不同的系统状态视为可疑企图。对于异常阈值与特征的选择是异常发现技术的关键。

例如，特定用户的操作习惯与某种操作的频率等；在得出正常操作模型之后，对后续的操作进行监视，一旦发现偏离正常统计学意义上操作模式，即进行报警。可以看出，按照这种模型建立的系统需要具有一定的人工智能，由于人工智能领域本身的发展缓慢，基于异常检测模型建立的入侵检测系统的工作进展也不是很好。异常检测技术的局限并非使所有的入侵都表现为异常，而且整个系统的轨迹难于计算和更新。

6. 基于误用检测的模型(Misuse Detection Model)

误用检测是指“可以用某种规则、方式或模型表示的攻击或其他安全相关行为”，即先定义出已知的错误使用系统的行为。那么基于误用的入侵检测技术的含义是：通过某种方式预先定义入侵行为，然后监视系统的运行，并从中找出符合预先定义规则的入侵行为。图 4-11 是一个典型的基于误用的入侵检测系统。

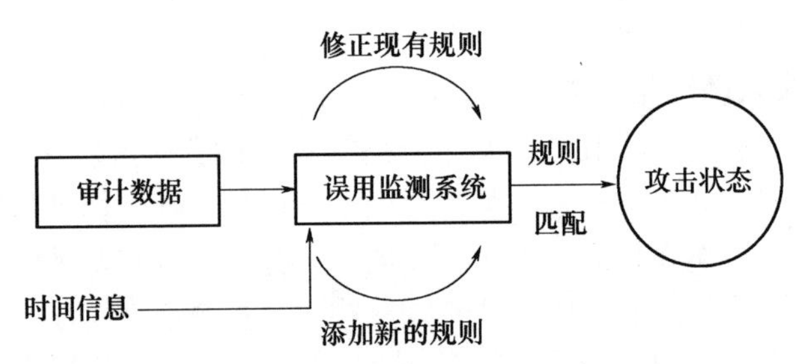

图 4-11　典型的基于误用的入侵检测系统

误用检测又称特征检测，这种模型的特点是搜集非正常操作也就是入侵行为的特征，建立相关的特征库；在后续的检测过程中，将收集到的数据与特征库中的特征代码进行比较，得出是否是入侵的结论。

实际上，这种模型与主流的病毒检测方式基本一致，当前流行的入侵检测系统基本上采用了这种模型。特征检测的优点是误报少、准确，局限是它只能发现已知的攻击，对未知的攻击无能为力。

基于误用的入侵检测的研究起源于 20 世纪 90 年代中期，当时主要的研究组织有 SRI、普度大学和加州大学的戴维斯分校。最初的误用检测忽略了系统的初始状态，只对系统运行中各种状态变化的事件进行比较，并从中表示出相应的攻击行为。这种不考虑系统初始状态的入侵信号标识有时无法发现所有的入侵行为。

基于误用的入侵检测系统通过使用某种模式或信号标识表示攻击，进而发现相同的攻击。这种方法可以检测许多甚至全部已知的攻击行为，但是对于未知的攻击手段却无能为力，这一点和病毒检测系统类似。

因此，误用信号标识需要对入侵的特征、环境、次序以及完成入侵的事件相互间的关系进行详细地描述，这样误用信号标识不仅可以检测出入侵行为，而且可以发现入侵的企图(误用信号局部上的符合)。

当前，对于基于误用的入侵检测系统来说，最重要的技术问题有两个：①如何全面描述攻击的特征，覆盖在此基础上的变种方式；②如何排除其他带有干扰性质的行为，减少误报率。

目前，研究基于误用的入侵检测系统，主要有专家系统、模式匹配、按键监视、模型推理、状态转换、Petric 网状态转换等。

1) 专家系统

专家系统是基于知识的检测中早期运用较多的方法。将有关入侵的知识转化成 IF-THEN 结构的规则，即把构成入侵所需要的条件转化为 IF 部分，把发现入侵后采取的相应措施转化为 THEN 部分。当其中某个或某部分条件满足时，系统就判断为入侵行为发生。IF-THEN 结构构成了描述具体攻击的规则库，状态行为及其语义环境可根据审计事件得到，推理机根据规则和行为完成判断工作。

在实际实现中，专家系统主要面临以下问题：①全面性问题，即难以科学地从各种入侵手段中抽象出全面的规则化知识；②效率问题，即所需处理的数据量过大，而且在大型系统上，如何获得实时连续的审计数据也是个问题。

由于这些缺陷，专家系统一般不用于商业产品中，商业产品运用较多的是模式匹配(也称特征分析)。

2) 模式匹配

模式匹配与专家系统一样，需要知道攻击行为的具体特征。但是攻击方法的语义描述不是被转化抽象的检测规则，而是将已知的入侵特征编码成与审计记录相符合的模式，因而能够在审计记录中直接寻找相匹配的已知入侵模式。这样就不像专家系统一样需要处理大量数据，从而大大提高了检测效率。

在该方法的实际实现中，使用了 Kumar 提出的入侵信号(Intrusion Signature)的层次性概念，实现每一层对应的匹配模式。

(1) 存在(Existence)模式。只要存在这样一种审计事件，就足以说明发生了入侵行为或入侵企图的匹配情况。

(2) 序列模式。序列由发生的行为所组成，它具体可以表现为一组事件的序列，其对应的匹配模式就是序列模式。

(3) 规则表示(Regular Expressions)模式。它是指用一种扩展的规则表达式方式构造匹配模式，规则表达式是由用 AND 等逻辑符连接一些描述事件的原语构成的。适用这种模式的攻击信号通常由一组相关的活动所组成，而这些活动间没有什么事件顺序的关系。

(4) 其他(Others)模式。它是指一些不能用前面的方法进行表示的攻击，统称为其他模式，如内部否定模式和归纳选择模式等。

模式匹配的特点主要包括：

(1) 事件来源独立。模式的描述并不包含对事件来源的描述，模式只需要了解事件可以提供什么数据，而不管事件如何提供这些数据。

(2) 描述和匹配相分离。描述入侵信号的模式主要定义什么需要匹配，而不是如何去匹配，描述什么东西需要匹配和如何匹配是相分离的。

(3) 动态的模式生成。描述攻击的模式可以在需要的时候被动态生成。

(4) 多事件流。允许多事件流同时进行模式匹配，而不需要把这些事件流先行集中成一个事件流。

(5) 可移植性。入侵模式可以轻易地移植，而不需要进行重新生成。

目前，模式匹配需要解决的问题主要包括：

(1) 模式的提取。要使提取的模式具有很高的质量，能够充分表示入侵信号的特征，同时模式之间不能冲突。

(2) 匹配模式的动态增加和删除。为了适应不断变化的攻击手段，匹配模式必须具有动态变更的能力。

(3) 很大压力的时候，系统可采取增量匹配的方法来提高系统效率，也可以先对高优先级的事件先行处理，然后再对低优先级事件的进行处理。

(4) 完全匹配。匹配机制必须能够提供对所有模式进行匹配的能力。

3) 按键监视

按键监视是一种很简单的入侵检测方法，用来监视攻击模式的按键。但是这种系统很容易被突破。

按键监视系统的实现技术很简单，它主要把攻击行为描述成键盘的按键操作，通过对按键的监视进行相应的匹配，并从中找出攻击行为，这是一种相当原始的技术。

Unix/Linux 下许多 Shell，如 Bash、Ksh、Csh 等都允许用户自己定义命令别名，这样就能很容易地逃脱按键监视。只有对命令利用别名扩展以及语法分析等技术进行分析，才可能克服其缺点。这种方法只监视用户的按键而不分析程序的运行，这样在系统中恶意的程序将不会被标识为入侵行为。

监视按键必须在按键发送到接收之前截获，可以采用键盘 Hook 技术或采用 Sniff 网络监听等手段。对按键监视方法的改进是在监视按键的同时监视应用程序的系统调用，这样才可能分析应用程序的执行，从中检出入侵行为。

7. 离线型和在线型检测系统

离线检测系统又称脱机分析检测系统，就是在行为发生后，对产生的数据进行分析，而不是在行为发生的同时进行分析，从而检查出入侵活动。它是非实时工作的系统，对日志的审查、对系统文件的完整性检查等都属于脱机分析。一般而言，脱机分析也不会间隔很长时间，所谓的脱机只是与联机相对而言的。

在线检测系统又称联机分析检测系统，就是在数据产生或者发生改变的同时对其进行检查，以便发现攻击行为，是实时联机的检测系统。这种方式一般用于网络数据的实时分析，有时也用于实时主机审计分析。它对系统资源的要求比较高。

4.3 入侵检测的技术实现

对于入侵检测的研究，从早期的审计跟踪数据分析，到实时入侵检测系统，再到目前应用于大型网络的分布式检测系统，基本上已发展成为具有一定规模和相应理论的研究领域。入侵检测的核心问题在于如何对安全审计数据进行分析，以检测其中是否包含入侵或异常行为的迹象。本节先从误用检测和异常检测两个方面介绍当前关于入侵检测技术的主流技术实现，然后对其他类型的检测技术作简要介绍。

4.3.1 入侵检测分析模型

分析是入侵检测的核心功能，它既能简单到像一个已熟悉日志情况的管理员去建立决策表，也能复杂得像一个集成了几百万个处理的非参数系统。入侵检测的分析处理过程可分为三个阶段：构建分析器；对实际现场数据进行分析；反馈和提炼。其中，前两个阶段都包含三个功能，即数据处理、数据分类(数据可分为入侵指示、非入侵指示或不确定)和后处理。

4.3.2 误用检测(Misuse Detection)

误用检测是按照预定模式搜寻事件数据，适用于对已知模式的可靠检测。执行误用检测，主要依赖于可靠的用户活动记录和分析事件的方法。

1. 条件概率预测法

条件概率预测法是基于统计理论来量化全部外部网络事件序列中存在入侵

事件的可能程度。

2. 产生式/专家系统

用专家系统对入侵进行检测，主要是检测基于特征的入侵行为。所谓规则，即知识，专家系统的建立依赖于知识库的完备性，而知识库的完备性又取决于审计记录的完备性与实时性。产生式/专家系统是误用检测早期的方案之一，在MIDAS、IDES、NIDES、DIDS和CMDS中都使用了这种方法。

3. 特征分析

特征分析需要知道攻击行为的具体知识，但是攻击方法的语义描述是在审计记录中能直接找到的信息形式，不像专家系统一样需要处理大量数据，从而大大提高了检测效率。这种方法的缺陷是需要经常为新发现的系统漏洞更新知识库。此外，由于对不同操作系统平台的具体攻击方法以及不同平台的审计方式可能不同，所以对特征分析检测系统进行构造和维护的工作量较大。

4. 状态转换方法

状态转换方法使用系统状态和状态转换表达式来描述和检测入侵，采用最优模式匹配技巧来结构化误用检测，增强了检测的速度和灵活性。目前，主要有三种实现方法：状态转换分析、有色Petri-Net和语言/应用编程接口(API)。

5. 用于批模式分析的信息检索技术

当前大多数入侵检测都是通过对事件数据的实时收集和分析来发现入侵，然而在攻击被证实之后，要从大量的审计数据中寻找证据信息，就必须借助于信息检索(Information Retrieval，IR)技术，IR技术当前广泛应用于WWW的搜索引擎上。

IR系统使用反向文件作为索引，允许高效地搜寻关键字或关键字组合，并使用Bayesian理论帮助提炼搜索。

6. Keystroke Monitor和基于模型的方法

Keystroke Monitor是一种简单的入侵检测方法，它通过分析用户击键序列的模式来检测入侵行为，常用于对主机的入侵检测。该方法具有明显的缺点。首先，批处理或Shell程序可以不通过击键而直接调用系统攻击命令序列；其次，操作系统通常不提供统一的击键检测接口，需通过额外的钩子函数(Hook)来监测击键。

4.3.3 异常检测(Anomaly Detection)

异常检测基于一个假定：用户的行为是可预测的，遵循一致性模式，且随着用户事件的增加而适应用户行为的变化。用户行为的特征轮廓在异常检测中是由度量(Measure)集来描述，度量是特定网络行为的定量表示，通常与某个检测阈值或某个域相联系。

异常检测可发现未知的攻击方法，体现了强健的保护机制，但对于给定的度量集能否完备到表示所有的异常行为仍需要深入研究。

1. Denning 的原始模型

Dorothy Denning 于 1986 年给出了入侵检测的 IDES 模型，她认为在一个系统中可以包括 4 个统计模型，每个模型适合于一个特定类型的系统度量。这些模型包括：

(1) 可操作模型；

(2) 平均和标准偏差模型；

(3) 多变量模型；

(4) Markov 处理模型。

2. 量化分析

异常检测最常用的方法就是将检验规则和属性以数值形式表示的量化分析，这种度量方法在 Denning 的可操作模型中有所涉及。量化分析采用从简单的加法到比较复杂的密码学计算得到的结果，作为误用检测和异常检测统计模型的基础。

3. 统计度量

统计度量方法是产品化的入侵检测系统中常用的方法，常见于异常检测。运用统计方法，有效地解决了 4 个问题：①选取有效的统计数据测量点，生成能够反映主体特征的会话向量；②根据主体活动产生的审计记录，不断更新当前主体活动的会话向量；③采用统计方法分析数据，判断当前活动是否符合主体的历史行为特征；④随着时间推移，学习主体的行为特征，更新历史记录。

4. 非参数统计度量

非参数统计度量方法通过使用非数据区分技术，尤其是群集分析技术，来分析参数方法无法考虑的系统度量。群集分析的基本思想是，根据评估标准(也称为特性)将收集到的大量历史数据(一个样本集)组织成群，通过预处理过程，将与具体事件流(经常映射为一个具体用户)相关的特性转化为向量表示，再采用群集算法将彼此比较相近的向量成员组织成一个行为类，这样使用该分析技术的实验结果将会表明用何种方式构成的群可以可靠地对用户的行为进行分组并识别。

5. 基于规则的方法

上面讨论的异常检测主要基于统计方法，异常检测的另一个变种就是基于规则的方法。与统计方法不同的是，基于规则的检测使用规则集来表示和存储使用模式。它主要分为两种：Wisdom&Sense 方法；基于时间的引导机(TIM)。

4.3.4 其他检测技术

这些技术不能简单地归类为误用检测或是异常检测，而是提供了一种有别于传统入侵检测视角的技术层次，如免疫系统、基因算法、数据挖掘、基于代理(Agent)的检测等。它们或者提供了更具普遍意义的分析技术，或者提出了新的检测系统架构，因此无论对于误用检测还是异常检测来说，都可以得到很好的应用。

1. 神经网络(Neural Network)

作为人工智能(AI)的一个重要分支，神经网络(Neural Network)在入侵检测领域得到了很好的应用。它使用自适应学习技术来提取异常行为的特征，需要对训练数据集进行学习，以得出正常的行为模式。这种方法要求保证用于学习正常模式的训练数据的纯洁性，即不包含任何入侵或异常的用户行为。

2. 免疫学方法

美国New Mexico大学的Stephanie Forrest提出了将生物免疫机制引入计算机系统的安全保护框架中。免疫系统中最基本也是最重要的能力是识别"自我/非自我"(Self/Nonself)，换句话讲，它能够识别哪些组织是属于正常机体的，不属于正常的就认为是异常，这个概念和入侵检测中异常检测的概念非常相似。

3. 数据挖掘方法

美国Columbia大学的Wenke Lee博士提出了将数据挖掘(Data Mining，DM)技术应用到入侵检测中，通过对网络数据和主机系统调用数据的分析挖掘，发现误用检测规则或异常检测模型。具体的工作包括利用数据挖掘中的关联算法和序列挖掘算法提取用户的行为模式，利用分类算法对用户行为和特权程序的系统调用进行分类预测。实验结果表明，这种方法在入侵检测领域有很好的应用前景。

4. 基因算法

基因算法是进化算法(Evolutionary Algorithms)的一种，它引入了达尔文在《进化论》中提出的自然选择的概念(优胜劣汰、适者生存)对系统进行优化。该算法对于处理多维系统的优化是非常有效的。在基因算法的研究人员看来，入侵检测的过程可以抽象为：为审计事件记录定义一种向量表示形式，这种向量或者对应于攻击行为，或者代表正常行为。

5. 基于代理的检测

近年来，一种基于代理的检测技术(Agent-Based Detection)逐渐引起研究者的重视。所谓代理，实际上可以看作是在执行某项特定监视任务的软件实体。

基于代理的入侵检测系统的灵活性，保证它可以为保障系统的安全提供混合式的架构，综合运用误用检测和异常检测，从而弥补两者各自的缺陷。

4.4 分布式入侵检测

分布式入侵检测(Distributed Intrusion Detection)是目前入侵检测乃至整个网络安全领域的热点之一。到目前为止，还没有严格意义上的分布式入侵检测的商业化产品，但研究人员已经提出并完成了多个原型系统。通常采用的方法中，一种是对现有的IDS进行规模上的扩展，另一种则通过IDS之间的信息共享来实现。具体的处理方法上也分为两种：分布式信息收集、集中式处理；分布式信息收集、分布式处理。

4.4.1 分布式入侵检测的优势

分布式入侵检测由于采用了非集中的系统结构和处理方式，相对于传统的单机IDS具有一些明显的优势：

(1) 检测大范围的攻击行为；

(2) 提高检测的准确度；

(3) 提高检测效率；

(4) 协调响应措施。

4.4.2 分布式入侵检测的难点

与传统的单机IDS相比较，分布式入侵检测系统具有明显的优势。然而，在实现分布检测组件的信息共享和协作上，却存在着一些技术难点。

Stanford Research Institute(SRI)在对EMERALD系统的研究中，列举了分布式入侵检测必须关注的关键问题：事件产生及存储、状态空间管理及规则复杂度、知识库管理、推理技术。

4.4.3 分布式入侵检测的现状

尽管分布式入侵检测存在技术和其他层面的难点，但由于其相对于传统的单机IDS所具有的优势，目前已经成为这一领域的研究热点。

1. Snortnet

它是基于模式匹配的分布式入侵检测系统的一个具体实现，通过对传统的单机IDS进行规模上的扩展，使系统具备分布式检测的能力。Snortnet主要包括三个组件：网络感应器、代理守护程序和监视控制台。

2. 基于代理

基于代理的 IDS 由于其良好的灵活性和扩展性，是分布式入侵检测的一个重要研究方向。国外一些研究机构在这方面已经做了大量工作，其中 Purdue 大学的入侵检测自治代理(AAFID)和 SRI 的 EMERALD 最具代表性。AAFID 的特点是形成了一个基于代理的分层顺序控制和报告结构。

3. DIDS

DIDS(Distributed Intrusion Detection System)是由 UC Davis 的 Security Lab 完成的，它集成了已有的 Haystack 和 NSM 入侵检测系统。前者由 Tracor Applied Sciences and Haystack 实验室针对多用户主机的检测任务而开发，数据源来自主机的系统日志。NSM 则是由 UC Davis 开发的网络安全监视器，通过对数据包、连接记录、应用层会话的分析，结合入侵特征库和正常的网络流或会话记录的模式库，判断当前的网络行为是否包含入侵或异常。

4. GrIDS

GrIDS(Graph-based Intrusion Detection System)同样由 UC Davis 提出并实现，该系统采用一种在大规模网络中使用图形化表示的方法来描述网络行为的途径，其设计目标主要针对大范围的网络攻击，如扫描、协同攻击、网络蠕虫等。GrIDS 的缺陷在于只给出了网络连接的图形化表示，具体的入侵判断仍然需要人工完成，而且系统的有效性和效率都有待验证和提高。

5. Intrusion Strategy

美国 Boeing 公司的 Ming-Yuh Huang 从另一个角度对入侵检测系统进行了研究。针对分布式入侵检测所存在的问题，他认为可以从入侵者的目的(Intrusion Intention)或者入侵策略(Intrusion Strategy)入手，确定如何在不同的 IDS 组件之间进行协作检测。对入侵策略的分析，可以有助于调整审计策略和参数，构成自适应的审计检测系统。

6. 数据融合(Data Fusion)

Timm Bass 提出将数据融合(Data Fusion)的概念应用到入侵检测中，从而将分布式入侵检测任务理解为在层次化模型下对多个感应器的数据综合问题。在这个层次化模型中，入侵检测的数据源经历了从数据(Data)到信息(Information)再到知识(Knowledge)三个逻辑抽象层次。

7. 基于抽象(Abstraction-based)的方法

GMU 的 Peng Ning 博士提出了一种基于抽象(Abstraction-based)的分布式入侵检测系统，基本思想是设立中间层(System View)，提供与具体系统无关的抽象信息，用于分布式检测系统中的信息共享，抽象信息的内容包括事件信息(event)以及系统实体间的断言(Dynamic Predicate)。中间层用于表示 IDS 间共享信息时使用的对应关系，即：IDS 检测到的攻击或者 IDS 无法处理的事件信息作为 Event，IDS 或受 IDS 监控的系统的状态则作为 Dynamic Predicates。

4.5 入侵检测系统的标准

从 20 世纪 90 年代到现在，入侵检测系统的研发呈现出百家争鸣的繁荣局面，并在智能化和分布式两个方向取得了长足的进展。为了提高 IDS 产品、组件及与其他安全产品之间的互操作性，DARPA 和 IETF 的入侵检测工作组(IDWG)发起制订了一系列建议草案，从体系结构、API、通信机制、语言格式等方面来规范 IDS 的标准。

4.5.1 IETF/IDWG

IDWG 定义了用于入侵检测与响应(IDR)系统之间或与需要交互的管理系统之间的信息共享所需要的数据格式和交换规程。

IDWG 提出了三项建议草案：入侵检测消息交换格式(IDMEF)、入侵检测交换协议(IDXP)以及隧道轮廓(Tunnel Profile)。

4.5.2 CIDF

入侵检测框架(Common Intrusion Detection Framework，CIDF)阐述了一个入侵检测系统的通用模型，如图 4-12 所示。入侵检测框架将入侵检测系统需要分析的数据统称为事件(Event)，事件可以是网络中的数据包，也可以是从系统日志等其他途径得到的信息。入侵检测通常包括以下功能部件：事件产生器、事件分析器、事件数据库和响应单元。

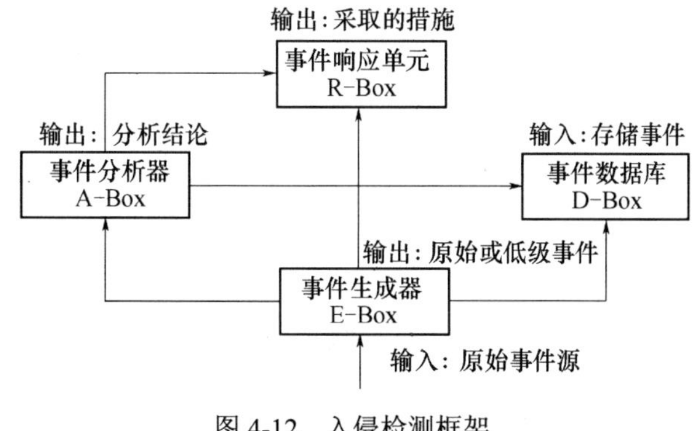

图 4-12　入侵检测框架

(1) 事件产生器(Event Generators)。事件产生器采集和监视被保护系统的数据，这些数据可以是网络的数据包，也可以是从系统日志等其他途径搜集到的信息。并将这个数据进行保存，一般是保存到数据库中。

(2) 事件分析器(Event Analyzers)。事件分析器的功能主要有：一是用于分析事件产生器搜集到的数据，区分数据的正确性，发现非法的或者具有潜在危险的、异常的数据现象，并通知响应单元做出入侵防范；二是对数据库保存的数据做定期的统计分析，发现某段时期内的异常表现，进而对该时期内的异常数据进行详细分析。

(3) 响应单元(Response Units)。响应单元是协同事件分析器工作的重要组成部分，一旦事件分析器发现具有入侵企图的异常数据，响应单元就要发挥作用，对具有入侵企图的攻击施以拦截、阻断、反追踪等手段，保护被保护系统免受攻击和破坏。

(4) 事件数据库(Event Databases)。事件数据库记录事件分析单元提供的分析结果，同时记录下所有来自于事件产生器的事件，用来进行以后的分析与检查。

CIDF 模型将入侵检测系统(IDS)需要分析的数据统称为事件(Event)，它可以是网络中的数据包，也可以是从系统日志等审计记录途径得到的信息。各功能单元间的数据交换采用的是 CISL 语言。

图 4-12 是入侵检测系统的一个简化模型，它给出了入侵检测系统的一个基本框架。一般地，入侵检测系统由这些功能模块组成。

在具体实现上，各种网络环境的差异以及安全需求的不同，因而在实际的结构上就存在一定程度的差别。图 4-13 是互联网工程任务组(IETF)提出的对 CIDF 模型的一个更详细的描述。

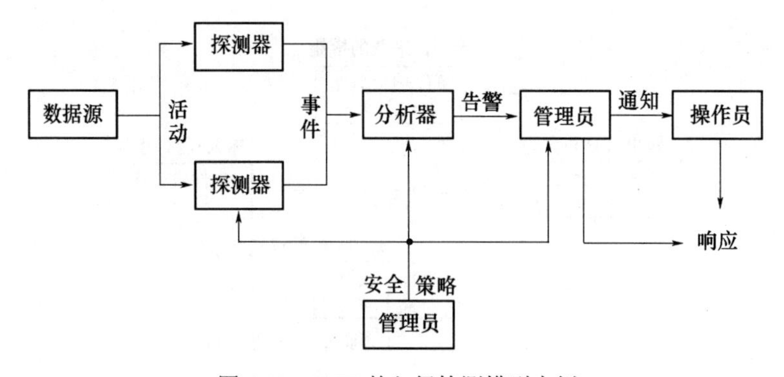

图 4-13　IETF 的入侵检测模型实例

4.6 入侵跟踪技术

当前，许多黑客使用一些特殊的封装方式或是使用防火墙进行对外连接。而对于被攻击者来说，只要有人和主机进行通信，则就应该知道对方的地址；如果对方使用防火墙通信，则最少也应该知道防火墙的地址，进而可以采用相应的技术跟踪入侵者。

4.6.1 入侵跟踪技术概述

如果要跟踪入侵者，那么有必要对互联网的各种协议有一个彻底的了解。

互联网和许多私有网络都使用 TCP/IP 协议，TCP/IP 不针对某个操作系统、编程语言或网络硬件，它是一种通用的标准，使 Mac、Windows、Unix、路由器、交换机以及各种各样的大型主机之间可以进行通信。它也不针对某种网络拓扑结构，也就是说以太网、令牌环网和无线网都可以使用它。这种通用性是现代计算机犯罪和调查的必要条件，下面结合开放系统互联(OSI)的 7 层网络参考模型和实际的网络协议之间的对比，可以更好地理解现有的常用网络协议和它们之间的关系，如图 4-14 所示。

<table>
<tr><th></th><th>OSI层</th><th colspan="5">互联网协议</th></tr>
<tr><td>7</td><td>应用层</td><td rowspan="3">Ping</td><td>NFS</td><td>Web浏览器</td><td>E-Mail客户</td><td>Windows</td></tr>
<tr><td>6</td><td>表示层</td><td>XDR</td><td>HTML</td><td>MIME</td><td>文件与打印共享</td></tr>
<tr><td>5</td><td>会话层</td><td>RPC</td><td>HTTP</td><td>SMTP</td><td>RPC与SMB</td></tr>
<tr><td>4</td><td>传输层</td><td>ICMP</td><td>UDP</td><td colspan="2">TCP</td><td rowspan="2">NeBEUI</td></tr>
<tr><td>3</td><td>网络层</td><td colspan="4">IP</td></tr>
<tr><td>2</td><td>数据链路层</td><td colspan="5">802.2</td></tr>
<tr><td>1</td><td>物理层</td><td colspan="5">Ethernet</td></tr>
</table>

图 4-14 互联网协议

要跟踪入侵者，也就是要知道入侵者所在的地址和其他信息，所以有必要了解网络地址的划分。在不同的网络层，主要有下列不同的网络地址。

(1) 媒体访问控制地址(MAC)：由生产厂家设定的硬件地址。

(2) IP 地址：互联网地址，如 185.127.185.152。

(3) 域名：IP 地址的名字化形式，如 www.cia.gov。

(4) 应用程序地址：代表特定应用服务程序，如电子邮件、网页浏览、QQ 等。URL 是被普遍使用的既包含域名又包含特定应用程序的地址信息的网络地址形式。例如，URL http：//www.lucent.com/services 提供了三种类型的信息，其中："http：//"显示了使用的协议类型；"www.lucent.com"代表了某个特定的数字型 IP 地址；而"services"则指向特定的页面。

4.6.2 跟踪电子邮件

跟踪电子邮件的步骤如下：

(1) 根据简单邮件传输协议 SMTP，判断电子邮件的详细信息。

(2) 跟踪发信者最好的办法就是对邮件中附加的头信息中出现的整个路径进行彻底的调查。

(3) 对 SMTP 邮件服务器保存的日志记录信息进行审计。

4.6.3 蜜罐技术

蜜罐(Honeypot)是一种在互联网上运行的计算机系统，它是专门为吸引并"诱骗"那些试图非法闯入他人计算机系统的人(如计算机黑客或破解高手等)而设计的。蜜罐系统是一个包含漏洞的诱骗系统，它通过模拟一个或多个易攻击的主机，给攻击者提供一个容易攻击的目标。

由于蜜罐并没有向外界提供真正有价值的服务，因此所有链接的尝试都将被视为是可疑的。蜜罐的另一个用途是拖延攻击者对真正目标的攻击，让攻击者在蜜罐上浪费时间。因此，蜜罐就是"诱捕"攻击者的一个陷阱。

蜜罐系统最重要的功能是对系统中所有操作和行为进行监视和记录。网络安全专家通过精心的伪装，使得攻击者在进入到目标系统后，仍不知道自己所有的行为已经处于系统的监视之中。

为了吸引攻击者，网络安全专家通常还在蜜罐系统上故意留下一些安全后门，以吸引攻击者上钩；或者放置一些网络攻击者希望得到的敏感信息，当然这些信息都是虚假的信息。这样，当攻击者正为攻入目标系统而沾沾自喜的时候，他在目标系统中的所有行为，包括输入的字符、执行的操作等都已经被蜜罐系统所记录。

蜜罐是一种被监听、被攻击或已经被入侵的资源，也就是说，无论如何对蜜罐进行配置，所要做的就是使得这个系统处于被监听、被攻击的状态。蜜罐并非一种安全解决方案，这是因为蜜罐并不会"修理"任何错误。蜜罐只是一种工具，如何使用这个工具取决于使用者想要蜜罐做到什么。蜜罐可以仅仅是一个对其他系统和应用的仿真，可以创建一个监禁环境将攻击者困在其中，还可以是一个标准的产品系统。

无论使用者如何建立和使用蜜罐，只有蜜罐受到攻击，它的作用才能发挥出来。为了方便攻击者攻击，最好是将蜜罐设置成 DNS、Web 或电子邮件转发服务等流行应用中的某一种。

蜜罐在系统中的一种配置方法如图 4-15 所示，可以看出其在整个安全防护体系中的地位。蜜罐不会直接提高计算机网络安全，但它却是其他安全策略所不可替代的一种主动防御技术。

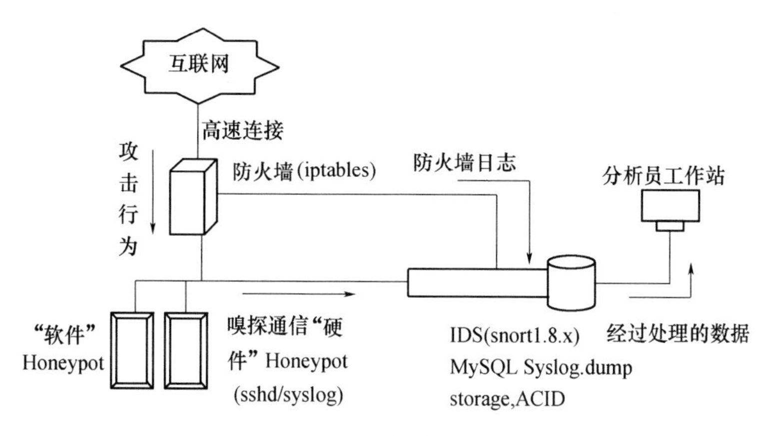

图 4-15　蜜罐系统

目前市场上蜜罐实现的工具主要由 Winted 和 DTK，以下分别进行介绍。

(1) Winted 是一个在 Windows 上实现蜜罐的简单工具。它安装简单、界面友好、适合初学者使用。

(2) DTK(Deception Tool Kit)是用 C 语言和 Perl 编写的一种蜜罐工具，能在支持 C 语言和 Perl 的系统上运行。它能够监听 HTTP、FTP、Telnet 等常用服务器所使用的端口，模拟标准服务器对接收到的请求所做出的响应，还可以模拟多种常见的系统漏洞。但是模拟不太逼真，构建过程也麻烦。

4.6.4　密网技术

密网技术是在密罐技术逐步发展起来的一个新概念，可成为一种重要网络诱捕技术。其实质还是一种高交互密罐技术，主要目的是收集黑客的攻击信息。与传统密罐技术的差异在于，密网构成了一个黑客诱捕网络体系结构，在这个构架中，可以包含一个或多个密罐，同时保证网络的高度可靠性，提供多种工具以方便对信息的采集和分析。

当前，密网技术领域最让人兴奋的成果就是虚拟密网。虚拟密网可以通过虚拟操作软件(如 VMWare 或 User Mode Linux 等)，在单一的主机上运行几台虚拟主机(通常是 4～10 台)，实现整个密网的体系结构。因此，虚拟密网的引入使得架设密网的代价大幅度降低，也比较容易部署和管理，同时虚拟密网大大降低了机器占用空间。

此外，虚拟系统通常支持“悬挂”和“恢复”功能，这样就可以冻结安全受危及的计算机，分析攻击方法，然后打开 TCP/IP 连接及系统上面的其他服务，但同时带来了更大的风险。因为，黑客有可能识别出虚拟操作系统软件的指纹，也有可能攻破虚拟操作系统软件从而获得对整个虚拟密网的控制权。

密网有着三大核心需求：数据控制、数据捕获和数据分析。数据控制技术能够确保黑客不能利用密网危害第三方网络的安全，以减轻密网架设的风险；数据捕获技术能检测并审计黑客攻击的所有行为数据；而数据分析技术则帮助安全研究人员从捕获的数据中分析出黑客具体的活动、使用工具及意图。

目前，在密网研究领域最具有影响力的是“密网项目组”及其发起的“密网研究联盟”。“密网项目组”是一个非赢利性组织，其目标是学习黑客社团所使用的工具、战术和动机，并将这些学习到的信息共享给安全防护人员。“密网项目组”的前身是 1999 年 Lance Spitzner 等发起的一个非正式的密网技术邮件组，到 2000 年 6 月演化成“密网项目组”，开展对密网技术的研究。为了联合和协调各国的密网研究组织对黑客社团的攻击进行追踪和学习，2002 年 1 月成立了“密网研究联盟”(Honeynet Resarch Alliance)，截至 2002 年 12 月该联盟已经拥有了 10 个来自不同国家的研究组织。

4.7 入侵检测系统示例

为了直观地理解入侵检测的使用、配置等情况，这里以 Snort 为例，对构建以 Snort 为基础的入侵检测系统进行概要介绍。

Snort 设计简洁，功能强大，无论是对小型企业还是大型网络，它都有能力实时分析和记录通信流，其基于规则的检测引擎能够检测多种变种攻击。Snort 几乎兼容所有硬件平台和操作系统，并提供丰富的报警信息供记录选择。它还能帮用户确定网络中一些莫名其妙的服务的作用，其可扩展的体系结构和开源模式更使得用户群不断增长。

Snort 是一个开放源代码的免费软件，在业界“一直被模仿，从未被超过”，它基于 Libpcap 的数据包嗅探器，并可以作为一个轻量级的网络入侵检测系统(NIDS)。

Snort 具有很多优势：

(1) 代码短小、易于安装、便于配置；

(2) 功能十分强大和丰富；

(3) 集成了多种告警机制支持实时告警功能；

(4) 具有非常好的扩展能力；

(5) 遵循 GPL，可以免费使用。

4.7.1 Snort 的体系结构

Snort 在结构上可分为数据包捕获和解码子系统、检测引擎，以及日志及报警子系统三个部分。

1. 数据包捕获和解码子系统

该子系统的功能是捕获共享网络的传输数据，并按照 TCP/IP 协议的不同层次将数据包解析。

2. 检测引擎

检测引擎是 NIDS 实现的核心，准确性和快速性是衡量其性能的重要指标。为了能够快速准确地进行检测和处理，Snort 在检测规则方面做了较为成熟的设计。

Snort 将所有已知的攻击方法以规则的形式存放在规则库中，每一条规则由规则头和规则选项两部分组成。规则头对应于规则树节点 RTN(Rule Tree Node)，包含动作、协议、源(目的)地址和端口以及数据流向，这是所有规则共有的部分。规则选项对应于规则选项节点 OTN(Optional Tree Node)，包含报警信息(MSG)、匹配内容(Content)等选项，这些内容需要根据具体规则的性质确定。

检测规则除了包括上述的关于“要检测什么”，还应该定义“检测到了该做什么”。Snort 定义了三种处理方式：Alert(发送报警信息)、Log(记录该数据包)和 Pass(忽略该数据包)，并定义为规则的第一个匹配关键字。

这样设计的目的是为了在程序中可以组织整个规则库，即将所有的规则按照处理方式组织成三个链表，用于更快速准确地进行匹配，如图 4-16 所示。

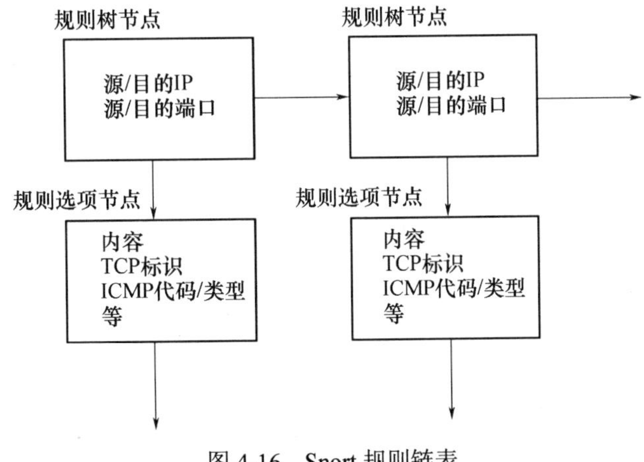

图 4-16　Snort 规则链表

当 Snort 捕获一个数据包时，首先分析该数据包使用哪个 IP 协议以决定将与某个规则树进行匹配；然后与 RTN 节点依次进行匹配，当与一个头节点相匹配时，向下与 OTN 节点进行匹配。每个 OTN 节点包含一条规则所对应的全部选项，同时包含一组函数指针，用来实现对这些选项的匹配操作。当数据包与某个 OTN 节点相匹配时，即可判断此数据包为攻击数据包。具体流程见图 4-17 所示。

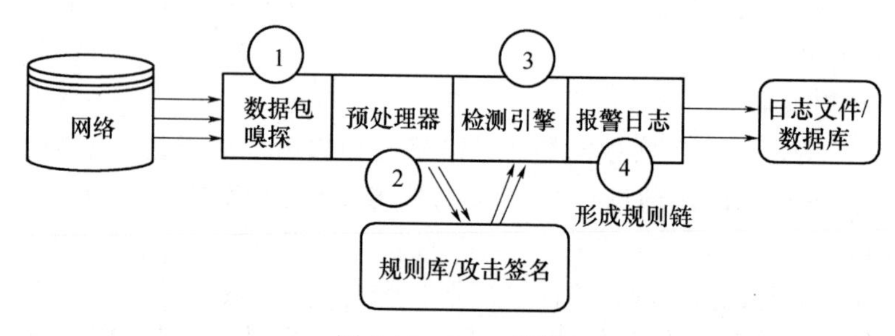

图 4-17　Snort 流程

3. 日志及报警子系统

一个好的 NIDS，应该能够提供友好的输出界面或发声报警等。Snort 是一个轻量级的 NIDS，它的另外一个重要功能就是数据包记录器，它主要采取用 TCPDUMP 的格式记录信息、向 Syslog 发送报警信息和以明文形式记录报警信息三种方式。

值得注意的是，Snort 在网络数据流量非常大时，可以将数据包信息压缩，从而实现快速报警。

4.7.2　Windows 平台上 Snort 的安装与使用

1. 实验目的

掌握在 Windows 搭建基于 Snort 的入侵检测系统(IDS)，熟悉简单的配置方法，能够使用 IDS 检测并分析网络中的数据流。

2. 原理简介

在实际应用环境中，入侵检测是防火墙的合理补充，帮助系统对付网络攻击，扩展了系统管理员的安全管理能力，包括安全审计监视、进攻识别和响应，提高了信息安全基础结构的完整性。入侵检测被认为是防火墙之后的另一道安全闸门。在不影响网络性能的情况下，IDS 能对网络进行监测，从而提供对内部攻击、外部攻击和误操作进行实时监控。入侵检测也是保障系统动态安全的核心技术之一。

误用检测和异常检测作为两大类入侵检测技术，各有所长，又在技术上互补。误用检测是建立在使用某种模式或者特征编码方法对任何已知攻击进行描述这一理论基础上的；异常检测则是通过建立一个“正常活动”的系统或用户的正常轮廓，凡是偏离了该正常轮廓的行为就认为是入侵。误用检测精度高，却无法检测新的攻击；异常检测可以检测新的攻击，却有比较高的误报警率。

目前的入侵检测产品中，Cisco 的 Net Ranger，ISS 的 Real Secure 都采用的是误用检测的方法；AT&T 的 Computer Watch，NAI 的 Cyber Cop 则是基于异常检测技术；SRI 的 IDES、NIDES 以及 Securenet Corp 的 Securenet 同时采用了以上两种技术。

3. 实验环境

1) 硬件环境

(1) 装有 Windows XP 和 RedHat Linux 9.0 双系统 PC 一台；

(2) 网络中包含 16 口 Hub 一个；

(3) 装有 Windows2000 Server 的 PC 一个，作为网络服务器；

(4) RJ-45 网线若干。

2) 软件环境

(1) acid-0.9.6b23.tar.gz

http://www.cert.org/kb/acid

这是基于 PHP 的入侵检测数据库分析控制台。

(2) apache_2.0.46-win32-x86-no_src.msi

http://www.apache.org

Windows 版本的 ApacheWeb 服务器。

(3) jpgraph-1.12.2.tar.gz

http://www.aditus.nu/jpgraph 图形库 forPHP。

(4) mysql-4.0.13-win.zip

http://www.mysql.com

Windows 版本的 Mysql 数据库服务器。

(5) snort-2_0_0.Exe

http://www.snort,orgWindows 版本的 Snort 安装包。

(6) WinPcap_3_0.exe

http://winpcap.polito.it/

网络数据包截取驱动程序。

4. 实验步骤

Snort 可以运行在 UNIX/Windows32 平台上。第一步就是要在 Windows 下完成入侵检测系统的安装与配置。关于 Snort 的体系结构和规则，可以参考其相关资料。

1) 安装 Apache_2.0.46 For Windows

(1) 选择定制安装，安装路径修改为 c:\apache。安装程序会自动建立 c: \apache2 目录，继续以完成安装。

注意：安装时，如果已经安装了 IIS 并且启动了 Web Server，所以会与 Apache Web Server 冲突。因为 IIS 的 Web Server 默认在 TCP 80 端口监听，可以修改 Apache Web Server 为其他端口。

(2) 安装完成后首先修改 c:\apache2\conf\httpd.conf。

(3) 定制安装完成后，Apache Web Server 默认在 8080 端口监听，修改为其他不常用的高端端口，主要操作包括：

① 修改 Listen 8080 为 Listen 50080；

② 安装 Apache 为服务方式运行；

③ 运行命令 c:\apache2\bin\apache-kinstall。

(4) 添加 Apache 对 PHP 的支持：

① 解压缩 php-4.3.2-Win32.zip 至 c:\php；

② 复制 php4ts.dll 至%systemroot%\system32；

③ 复制 php.ini-dist 至%systemroot%\php.ini；

④ 修改 php.iniextension=php_gd2.dll,同时复制 c: \php\extension\php_gd2.dll 至%systemroot%\。

(5) 启动 Apache 服务。

运行 netstartapache2 命令。

在 c:\apache2\htdocs 目录下新建 test.php，文件内容如图 4-18 所示。

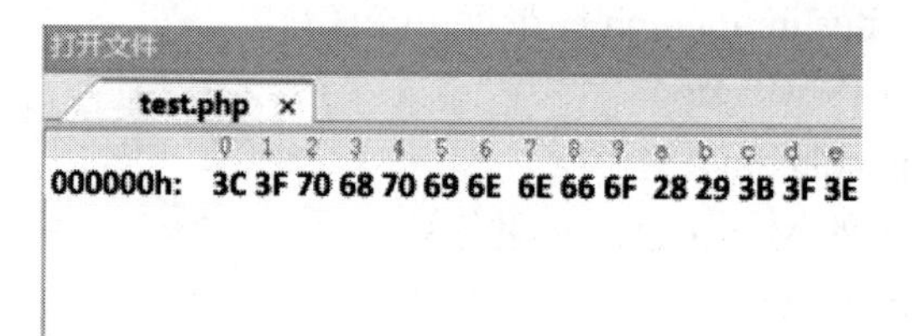

图 4-18 test.php 文件内容

可以访问 http://192.168.0.15:50080/test.php 测试 PHP 是否安装成功。

2) 安装 Snort

直接双击安装 snort.exe 文件。Snort 将自动使用默认安装路径 c:\snort，如图 4-19 所示。

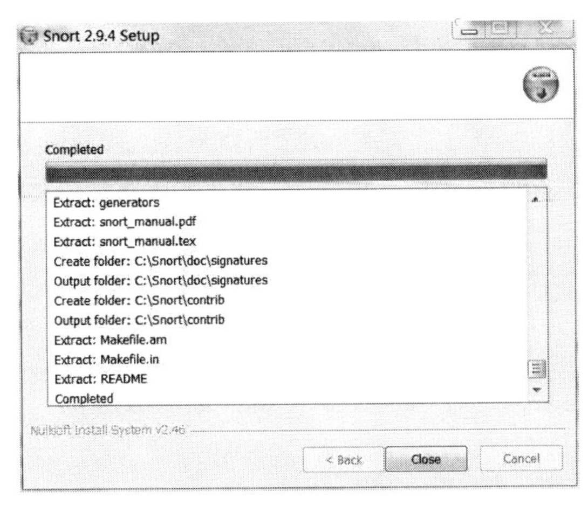

图 4-19　Snort 安装

3) Mysql 安装

(1) 默认安装 Mysql 至 c:\mysql，安装 Mysql 为服务方式，运行 c:\mysql\bin\mysqld-nt-install，启动 Mysql 服务，如图 4-20 所示。

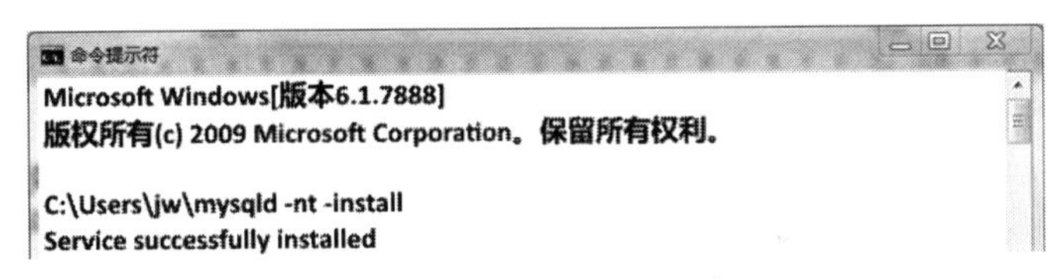

图 4-20　启动 Mysql 服务

(2) 运行 Net Startmysql，启动服务。

注意：Windows2003 Server 下如果出现不能启动 Mysql，新建 my.ini 内容如图 4-21 所示。注意其中的 basedir 和 datadir 目录是否指向正确的目录，然后把 my.ini 复制至%systemroot%目录下就可以了。

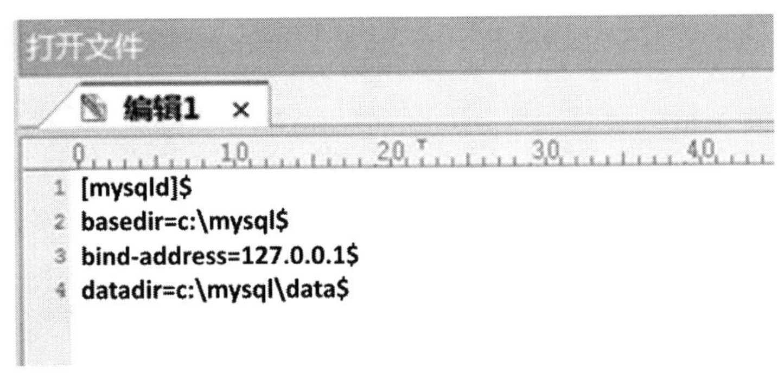

图 4-21　my.ini 内容

(3) 配置 Mysql。创建一个 mysql.bat 文件，文件中的操作包括以下几个步骤：①为默认 Root 账号添加口令；②删除默认的 any®%账号；③删除默认的 any@localhost 账号；④删除默认的 root@%账号。

如图 4-22 所示，这样只允许 Root 从 Localhost 连接。

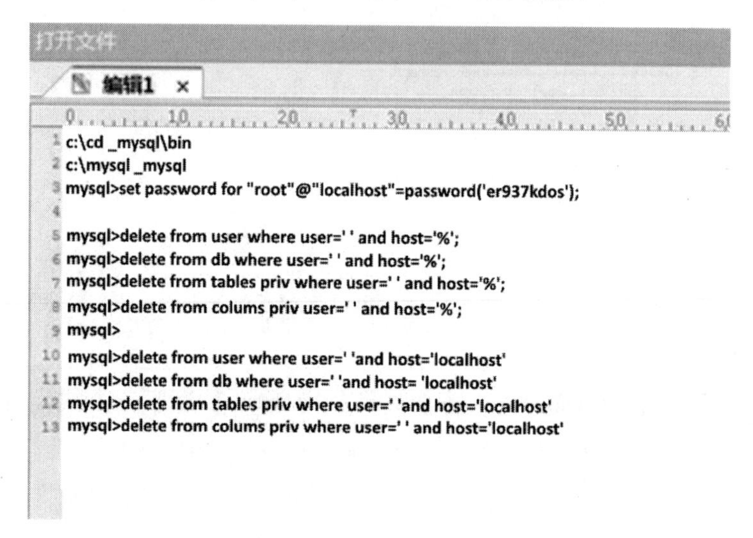

图 4-22　mysql.bat 文件

(4) 随后，再在文件中加入以下的部分。

① 建立 Snort 运行必需的 Snort 库和 Snort_archive 库，即：

```
mysql>createdatabasesnort
mysql>createdatabasesnort_archive
```

② 使用 c：\snort\contrib 目录下的 create_mysql 脚本建立 Snort 运行必需的数据表，即：

```
c:\mysql\bin\mysql-Dsnort_uroot-p<c:\snort\contrib\create_mysql
c: \mysql\bin\mysql-Dsnort-archive~uroot-p<c: \snort\contrib\
create_mysql
```

4) 安装 Acid

(1) 解压缩 acid-0.9.6b23.tar.gz 至 c:\apache2\htdocs\acid 目录下。

(2) 按照下面的方式修改 acdi.conf.php 文件。

```
$DBlib_path=“c: \php\adodb”;
$alert_dbname=“snort”;
$alert_host=“localhost”;
$alert_port=“”
```

```
$alert—user= "acid";
$alert_password= "log_snort";
/*ArchiveDBconnectionparameters*/
$archive_dbname= "snort_archive";
$archive_host= "localhost";
$archive_port= "";
$archive_user= "acid";
$archive_password= "archive_snort";
$ChartLib_path= "c: \php\jpgraph\src";
```

5) 安装 Winpcap 和配置 Snort

编辑 c:\snort\etc\snort.conf，并进行如下配置。

(1) 把 " var HOME_NET 10.1.1.0/24 " 改成 " var HOME_NET 192.168.0.0/24"，这是内部局域网的地址，把前面的#号去掉。

(2) 把"var RULE_PATH../rules"改成"var RULE_PATH/etc/snort"。

(3) 把"#outputdatabase：log,mysql,user=root password=testdbname=db host=localhost"改成"outputdatabase：log,mysql,user=root password=123456dbname=snorthost=localhost"，即把原来默认的密码改成自己的密码，并把前面的#号去掉。

(4) 把以下行前面的#号删除，如图 4-23 所示。

```
#include$RULE_PATH/web-attacks.rules
#include$RULE_PATH/backdoor.rules
#include$RULE_PATH/shellcode.rules
#include$RULE_PATH/policy.rules
#include$RULE_PATH/porn.rules
#include$RULE_PATH/info.rules
#include$RULE_PATH/icmp-info.rules
#include$RULE_PATH/virus.rules
#include$RULE_PATH/chat.rules
#include$RULE_PATH/multimedia.rules
#include$RULE_PATH/p2p.rules
```

(5) 其他需要修改的地方。

(6) 将 include classification,config 以及 include reference,config 改为绝对路径。

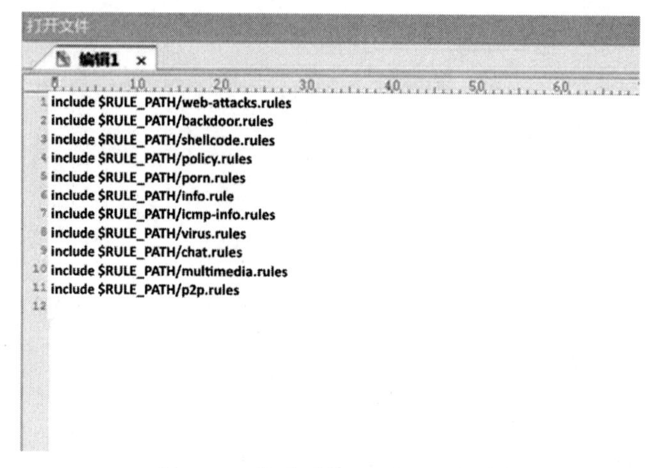

图 4-23　修改后的 snort.conf 文件

6) 设置 Snort 输出 Alert 到 MysqlServer

(1) 编辑 c:\snort\etc\snort.conf，具体如下：

```
outputdatabase: alert, mysql,host=local hostuser=snort
password=snort dbname=snort
encoding=hexdetail=full
```

(2) 测试 Snort 是否正常工作：

c: \snort\bin>snort-c“c: \snort\etc\snort.conf”-l“c: \snort\logs” -d-e-X，其中：X 参数用于在数据链接层记录 Rawpacket 数据；d 参数记录应用层的数据；e 参数显示/记录第二层报文头数据；c 参数用以指定 Snort 的配置文件的路径。

运行以上的命令之后的结果如图 4-24 所示。

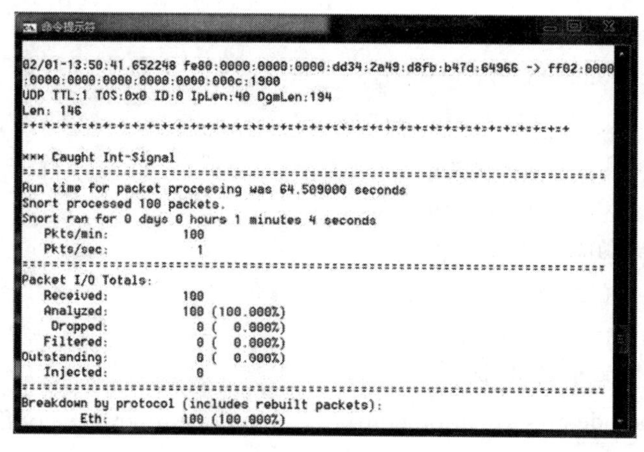

图 4-24　运行结果

4.7.3 Linux 平台下 Snort 的安装与使用

1. Snort 安装模式

Snort 可简单安装为守护进程模式，也可安装为包括很多其他工具的完整的入侵检测系统。

简单方式安装时，可以得到入侵数据的文本文件或二进制文件，然后用文本编辑器等工具进行查看。

Snort 若与其他工具一起安装，则可以支持更为复杂的操作。例如，将 Snort 数据发送给数据库系统，从而支持通过 Web 界面进行数据分析，以增强对 Snort 捕获数据的直观认识，避免耗费大量时间查阅晦涩的日志文件。

2. Snort 的简单安装

Snort 的安装程序可以在 Snort 官方网站 http：//www.snort.org 上获取。

1) 安装 Snort

Snort 必须要有 Libpcap 库的支持，在安装前需确认系统已经安装了 Libpcap 库。

[root@mailsnort-2.8.0]#./configure--enable-dynamicplugin

[root@mailsnort-2.8.0]#make

[root@mailsnort-2.8.0]#makeinstall

2) 更新 Snort 规则

下载最新的规则文件 snortrules-snapshot-CURRENT.tar.gz。其中，CURRENT 表示最新的版本号。

[root@mailsnort]#mkdir/etc/snort

[root@mailsnort]#cd/etc/snort

[root@mailsnort]#tarzxvf/path/to/snortrules-snapshot-CURRENT.tar.gz

3) 配置 Snort

建立 Config 文件目录：

[root@mailsnort-2.8.0]#mkdir/etc/snort

复制 Snort 配置文件 snort.conf 到 Snort 配置目录：

[root@mailsnort-2.8.0]#cp./etc/snort.conf/etc/snort/

编辑 snort.conf：

[root@mailsnort-2.8.0]#vi/etc/snort/snort.conf

修改后，一些关键设置如下：

Var HOME_NET yournetwork

Var RULE_PATH/etc/snort/rules

Preprocessor http_inspect:global\

iis_unicode_map/etc/snort/rules/unicode.map1252

Include/etc/snort/rules/reference.config

Include/etc/snort/rules/classification.config

4) 测试 Snort

#/usr/local/bin/snort-Afast-b-d-D-l/var/log/snort-c/etc/snort/snort.conf

查看文件/var/log/messages，若没有错误信息，则表示安装成功。

3. Snort 的工作模式

Snort 有三种工作模式，即嗅探器、数据包记录器、网络入侵检测系统。

1) 嗅探器

所谓的嗅探器模式就是 Snort 从网络上获取数据包，然后显示在控制台上。

(1) 若只把 TCP/IP 包头信息打印在屏幕上，则只需要执行：

./snort-v

(2) 若显示应用层数据，则执行：

./snort-vd

(3) 若同时显示数据链路层信息，则执行：

./snort-vde

2) 数据包记录器

如果要把所有的数据包记录到硬盘上，则需要指定一个日志目录，Snort 将会自动记录数据包：

./snort-dev-l./log

如果网络速度很快，或者希望日志更加紧凑以便事后分析，则应该使用二进制日志文件格式。使用下面的命令可以把所有的数据包记录到一个单一的二进制文件中：

./snort-l./log-b

3) 网络入侵检测系统

通过下面命令行，可以将 Snort 启动为网络入侵检测系统模式：

./snort-dev-l./log-h192.168.1.0/24-csnort.conf

snort.conf 是规则集文件。Snort 会将每个包和规则集进行匹配，一旦匹配成功就会采取响应措施。若不指定输出目录，Snort 就将日志输出到/var/log/snort 目录。

4.8 本章小结

入侵检测(Intrusion Detection)是保障网络系统安全的关键部件，它通过监视受保护系统的状态和活动，采用误用检测(Misuse Detection)或异常检测

(Anomaly Detection)的方式，发现非授权的或恶意的系统及网络行为，为防范入侵行为提供有效手段。

入侵检测按照不同的标准有多种分类方法。分布式入侵检测(Distributed Intrusion Detection)对信息的处理方法分为两种，即分布式信息收集、集中式处理和分布式信息收集、分布式处理。

为了提高IDS产品、组件及与其他安全产品之间的互操作性，DARPA和IETF的入侵检测工作组(IDWG)发起制订了一系列建议草案，从体系结构、API、通信机制、语言格式等方面来规范IDS的标准，但草案或建议目前都处于逐步完善之中，尚无被广泛接受的国际标准。

在安全实践中，部署入侵检测是一项繁琐的工作，需要从三个方面对入侵检测进行改进，即：突破检测速度瓶颈制约，适应网络通信需求；降低漏报和误报，提高其安全性和准确度；提高系统互动性能，增强全系统的安全性能。

第5章　操作系统安全

早期，人们将安全定义为阻止对手对系统重要属性的破坏。“系统”主要由“计算”过程组成。为了破坏计算，对手必须能够通过某种方法进入系统，如通过某种输入或者一些其他的计算过程。计算机使用操作系统来执行计算指令和控制。因此，操作系统很容易成为敌我双方开展安全攻击和防御的场所。本章将探讨操作系统安全。

5.1　操作系统的背景

本章首先简单介绍一下操作系统的背景知识。

5.1.1　计算机体系结构

不论相信与否，过去人们在使用计算机时需要用到烙铁和绕接工具，并且需要知道16进制转换器的基本原理。在过去的几十年中，计算技术取得了很大的进步，所开发出的计算机系统已经在抽象层次上符合用户对计算机的直觉观念。而操作系统在抽象层次上扮演了十分重要的角色。但是，只有对操作系统的各个层次有充分了解，才能够深入地认识它的价值。因此，这里将首先探讨操作系统最底层的部分：硬件。

计算机采用二进制方式操作数据。在最底层，所有的操作和数据都使用二进制数字表示，二进制数字的每一位都是一根金属线，其值用金属线上电压的高低来表示。CPU和内存使用总线传输数据(见图5-1)。物理内存是一个字节数组，每个物理地址表示某一字节的位置。可以将物理内存的每个字节看成一个8b寄存器，即8个触发器(对应静态RAM)或8个电容器(对应动态RAM)，并用简单布尔门开发解码器来寻址，该解码器能够根据一个AND门和*N*个转换器识别一个*N*位的地址。因此，内存就是一个由单字节寄存器构成的数组，每个寄存器都有一个解码电路，以便于读写该字节。当从内存中读取某一字节时，CPU将地址放在地址总线上，然后在控制总线上发出一个读信号，内存将发送该字节。当向内存中写入某一字节时，CPU将地址放在地址总线上，将该字节的值放在数据总线上，然后在控制信号上发出写信号，内存载入该字节。

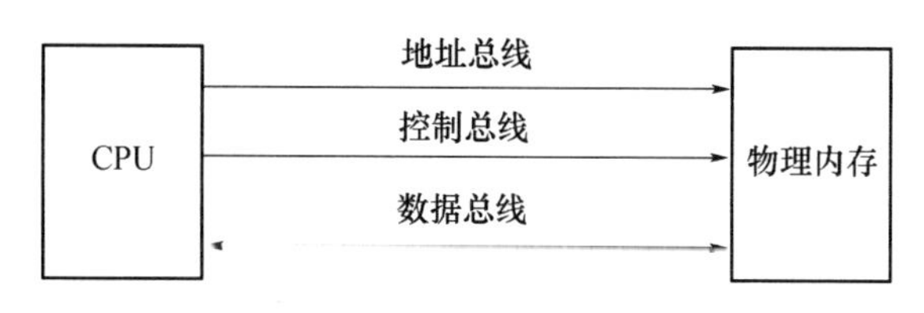

图 5-1　CPU 通过总线来读写内存

从基础层面看，现代系统中的程序是由一系列的机器指令组成的。这些指令从字面上看是驻留在内存中由操作码和数据组成的二进制值。CPU 有一个内置的程序计数器寄存器，用于存储下一条指令的地址。CPU 将该地址放在地址总线上，取出指令，然后使用内部逻辑电路解码指令，分析指令的功能(如将寄存器 B 的内容移动到由操作码后面 4B 表示的内存地址中)并执行该指令。CPU 的逻辑电路在该条指令执行完成后，将程序计数器的内容更新为下一条要执行的指令地址。

上述过程就是计算过程。实际上，所有用户点击鼠标的操作、在文字处理器中输入文字或者运行大型应用的过程都可以归结为上述基本过程。

如前所述，这里所介绍的是一个简化的模型。实际上，由于使用了各种优化措施来提高性能，现代计算机中的这一过程更为复杂。例如，CPU 现在通常采用流水线的方法执行指令，在上一指令完成之前就读入并执行下一指令，并且采用很多数据和指令缓存措施。但是，所有这些也仅是优化，本节所描述的是基本思想。

5.1.2　操作系统的功能

在非常低的层次上处理计算是一件令人烦恼的工作，尤其是在允许各种复杂任务同时执行的现代计算环境中。操作系统的出现解决了此问题，它能够更加方便高效地创建和协同所有这些任务。从专业的角度来看，操作系统可以在以下三个方面带来方便。

(1) 从低级工作中解脱出来。操作系统可以避免程序处理同样低层次任务的繁琐细节问题，还可以避免程序被移植到其他机器上时导致的低级指令兼容性问题。例如，文件的读写对很多程序来说都是非常普遍的任务，然而所有读文件某一部分的操作都包括以下几个步骤：定位文件在磁盘中的位置，定位读取部分在文件中的位置，读取该部分。如果能够提供一个可以处理上述步骤的公共服务，那么问题将简单得多。

(2) 多道程序设计。Andrew Birrell 曾经指出，“人类非常擅长同时处理两三件事情，如果计算机不能处理这么多的事情，似乎有点不妥。”操作系统可以使一台计算机很容易地同时处理很多事情。操作系统能够实现程序间的切换，从而提高了方便性和效率。如果程序在等待某一磁盘数据传输的完成，那么CPU 可以执行另外一个程序；如果 CPU 能够快速地在两个程序之间切换，那么用户就可以在某一窗口运行长时间计算的同时，在另外一个窗口中输入文字。

(3) 进程隔离。当计算机同时执行多个任务时，操作系统能够避免它们相互之间的非预期影响。由于本书主要关注安全，因此首先想到的是避免恶意实体的破坏。但是，隔离在普通情况下也是非常有用的。例如，程序员可以不用再关心其他程序破坏自己的内存，或者引起程序异常。

5.1.3 基本元素

1. 运行模式

操作系统通过一些基本元素，在硬件支持的基础上来达到目标。

现代 CPU 通常运行在两种模式下，这两种模式分别为：

(1) 内核模式，也称为特权模式，在 Intel x86 系列中，称为核心层(Ring 0)。

(2) 用户模式，也称为非特权模式，或者用户层(Ring 3)。

如果 CPU 处于特权模式，那么硬件将允许执行一些仅在特权模式下许可的特殊指令和操作。一般看来，操作系统应当运行在特权模式下，或者内核模式下；其他应用应当运行在普通模式，或者用户模式下。然而，事实与此有所不同，这将在后面讨论。

显然，要使特权模式所提供的保护真正有效，那么普通指令就不能自由修改 CPU 的模式。在标准的模型中，将 CPU 模式从用户模式转到内核模式的唯一方法是触发一个特殊的硬件自陷，包括：

(1) 中断：一些外部硬件引发的，如 I/O 或者时钟；

(2) 异常：如除数为零，访问非法的或者不属于该进程的内存；

(3) 显式地执行自陷指令。

与上述行为的处理过程基本相同：CPU 挂起用户程序，将 CPU 模式改变为内核模式，查表(如中断向量表)以定位处理过程，然后开始运行由表定义的操作系统代码。

2. 内存管理

如果要避免用户进程相互影响，那么最好的方法是避免它们互相从对方的存储区域读写数据，同时还应当避免读写操作系统的内存区域，其中也包括操作系统代码。系统达到该目的方法是在 CPU 和系统其他部分之间的地址总线上嵌入内存管理单元(Memory Management Unit，MMU)(见图 5-2)。CPU 发射合适的地址，MMU 单元负责将逻辑地址转换成物理地址，操作系统使用特殊指令来建立和控制这种转换关系。这种控制和改变转换关系的能力使操作系统能够为每个进程分配自己的地址空间，并避免用户代码访问不该访问的数据。

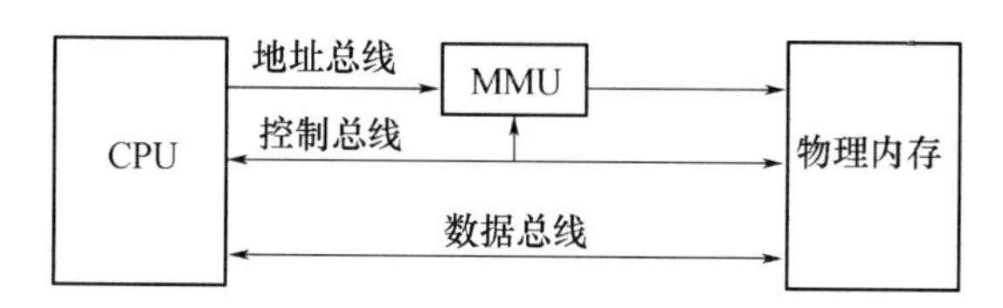

图 5-2　MMU 将 CPU 发射的虚拟地址转换成实际的物理地址

内存管理的概念还带来了其他便利。从运行在 CPU 上的程序的角度来看，内存被当成一大片地址连续的物理存储空间来使用。但是，MMU 通常将内存分为很多页(Page)或者帧(Frame)。页由很多逻辑地址空间组成，在物理内存中不必按序显示。实际上，有些内存页可能根本不在物理内存中。

MMU 的转换机制也可以能够标记某些内存区域仅是可读的(对用户代码而言)，如果用户级的 CPU 试图发出一条写入该地址的指令，那么 MMU 将拒绝转换地址，同时将引发异常，从而进入内核级。

与此类似，MMU 可以避免用户代码读取不该访问的内存。内核创建仅由它自己才能查看的内存区域，并使用该片内存来存储用户进程维护数据、I/O 缓冲等。然而，如何完成这一过程依赖于硬件体系结构和操作系统的设计选择。图 5-3 表示了一个经典的示例过程。每个用户进程有自己的地址空间，为保证所有的进程地址空间中内核私有的内存地址相同，需要建立内存管理单元表。当用户进程切换到内核模式时，不需要改变内存管理单元表，内核级代码可以很容易地查看和改变用户数据。其次，内核私有内存到用户地址空间的这种匹

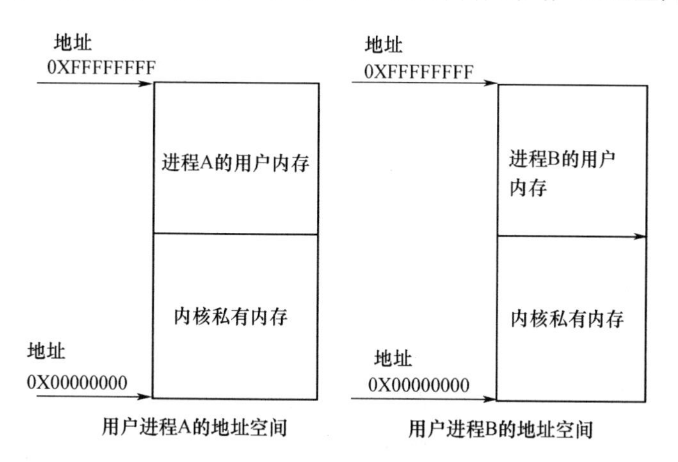

图 5-3　用户进程与地址空间的关系示例

配关系在不同的操作系统中也有所不同。另外，这只是一种非常经典的方法，但不是必需的。在某些系统中，如 SPARC 系统上的 Solaris，内核有自己的地址空间，但如果内核要访问用户内存，需要额外的措施。由于能够完全在用户进程之间切换，并且能够转换其可查看的地址空间，这使得进程可以被看作由操作系统控制和管理的基本元素。

尽管出现了更新的技术，很多现代系统仍允许操作系统将内存页迁移到后备存储设备上，如硬盘。由于大部分进程并不是都使用所有的内存，该技术可以极大地提高性能，不过这依赖于评价性能的方法。

3. 系统调用

当用户代码需要请求操作系统提供的服务时，通常采用系统调用的方法来完成这一过程。用户代码将在约定的地方(如 CPU 寄存器)存储一个值，该值能够代表它所请求的服务。如果服务需要参数，则用户代码采用同样的方法将其存放在约定的地址，然后用户代码发出一条自陷指令。与其他类型的中断相同，系统做出响应，保存用户进程的状态，记录程序计数器、其他硬件寄存器、进程栈以及其他进程数据。硬件切换到内核模式，执行系统调用处理程序，该函数通常需要查找服务表以便于找到所请求服务的处理子过程入口。上述整个过程称为上下文切换。一旦所请求的服务完成，就恢复用户进程的状态，控制重新交给进程。

然而，程序员可能经常在没有意识到是在自陷指令执行的情况下使用服务，如使用 fork()或者 exec()。程序员在请求这样一个服务时，通常使用的是库函数(预编译了的用户代码，可以链接到以后编译的程序中)，库函数负责调用自陷指令，如图 5-4 所示。这种方法使程序员很难判定它们在手册中查看和调用的子过程是库函数，是系统调用，还是两者都不是。

为了管理所有进程，操作系统必须做很多簿记工作，如跟踪正在运行的进程、阻塞的进程等。用户代码可以执行一些系统调用来查看某些簿记。有些操作系统提供了另外一些查看簿记的方法。例如，Linux 文件系统的/proc 目录下有一批伪文件，每个进程有自己的子目录，每一个都包含该进程的簿记和资源使用信息。

4. 用户交互

用户通常采用两种方法与计算机系统进行交互：通过命令行 Shell 和通过图形用户界面(Graphical User Interface，GUI)，这两种方法都不是操作系统的必要部分。例如，本身通常就是一个用户进程，获取用户输入的命令，然后执行相应的操作；Shell 直接执行命令；Shell 到预定义的位置查找特定名称的程序。在发现该程序之后，Shell 使用操作系统调用创建一个新的进程来运行该程序。GUI 的过程与上述过程类似，但可能复杂了一些。

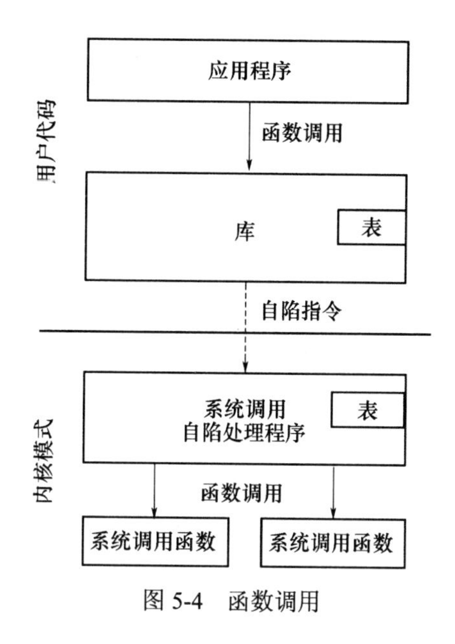

图 5-4　函数调用

通常，人们讨论操作系统均是指与它进行交互的方式，需要注意的是界面并不是内核自身的必要构成部分，它是 Shell 或者 GUI 包的构成部分。

5.2　操作系统安全的基本概念和原理

5.2.1　进程隔离和内存保护

如 5.1 节所述，操作系统的一个主要功能是提供进程隔离。该功能除了安全，在其他方面也是有益的。但是，如果讨论安全性，进程隔离则是操作系统在安全性方面的主要贡献。

进程隔离在有些方面的思想非常简单直接，如通过内存管理禁止进程读写其他进程的内存来实现隔离。但是，即使是这么简单的思想在实现上也有一定难度。例如，如果用户进程 A 能够重写内核内存的某些部分，那么进程 A 就可以重写操作系统的这些部分，而操作系统禁止进程 A 访问进程 B 的数据。在另外一些情况下，此问题更为复杂。例如，使系统拥有物理内存两倍大的虚拟内存，这样做的结果是同一物理字节在物理地址空间有两个地址。

在实际应用中，可能不希望完全地隔离进程，希望它们有一定的交互，这种考虑使进程隔离问题更为复杂。通常，希望进程能够通过一些标准机制来进行交互，如通过流水线(Pipeline)、消息传递或者其他形式的进程间通信(IPC)；希望进程间能够共享内存；希望多个进程能够读写某些同样的文件。上述考虑都与实现进程间的完全隔离相违背，使进程隔离问题变得更为复杂。在什么样的情况下允许进程A将部分进程B地址空间映射到自己的地址空间？如果内存管理以页为粒度划分内存，那么当进程A请求的内存小于一页但操作系统共享内存等于一页时，系统该怎么做？另外一个例子，进程A发送消息给进程B，但进程B在收到消息前退出，这种情况该如何处理？如果新的进程C与旧的进程B具有同样的标识，那么进程C将收到该消息，正如公寓中新的居住者将收到旧居住者的信件一样。在开发系统的过程中，开发者可能不会想到此问题，但在使用时，此问题就会暴露出来，这时在重新发现和删除未发送的消息说起来很容易，但是做起来则比较困难。所以，十全十美是很困难的。

正如之前所讨论的那样，使用其他方法可以破坏进程隔离。例如，内存栈或者内存堆这样的对象重用可能会泄露信息。进程可能通过一些可观察的变化(如能判定内存或者缓冲中的共享代码可能是什么内容)来推导其他操作相关的信息。

最后，不要忽略现代操作系统代码量巨大的问题，操作系统有很多潜在内部配置和外部输入场景假设，理论上来说，输入场景是无穷的。操作系统的测试难度要远大于某个程序的测试，这类程序在用户提供输入后处理，然后终止。即使是定义操作系统的正确状态也是非常困难的！一架波音747喷气式飞机有六百万个部件，但是Windows XP则有四千万行代码(有人据此认为膝上型计算机的操作系统的复杂度要超过6架喷气式飞机)。所以，即使设计准则是合理的，仍然可能会出现非常多的Bug。

再次强调：十全十美是困难的。

5.2.2 用户

前面讨论了使用访问控制矩阵来建模和管理系统安全的问题，即谁可以对谁做什么？为了管理访问，操作系统首先需要知道“谁”这个概念。

根据传统观点，“谁”通常是指用户。系统为用户维护账号或者身份，简单地说，每个账号属于一个真实的用户，该用户使用密码或者其他身份认证技术进行认证。“用户=人类”的观念快速推广到一组人(如一个班级的人)，乃至非人类的实体，如客户或者游戏。

很显然，有些用户必然拥有超出其他用户的权限。有些系统采用创建特殊账号的方法来实现这一点，该账号(通常称为根、超级用户、管理员)拥有超过其他账号和系统的最大权限。其他一些系统则采用了不同的方法来标记拥有管理权限的特殊用户。

总处于最大权限级别是非常危险的，因为在该级别的错误或者攻击可能会带来很大的破坏。例如，当与一个坏的邻居进行现金交易时，只需要带足刚好够的现金去进行交易即可，计算机安全人员称这一准则为最小权限准则。因此，系统可能会在操作时，强制拥有特殊权限的用户仅能执行普通权限的操作，然后在需要的时候再赋予其全部权限。全部权限的获取通常是在一个弹出窗口中输入特定管理员密码或者调用 sudo 命令来实现。

计算机系统在使用时可能会与上述用户的要求有所不同。单用户膝上型计算机可能配置为启动时就进入用户账号，而不需要登录；普通终端用户在个人计算机上执行操作时经常需要管理员权限，导致所有的用户在默认状态下都是管理员。Web 服务器软件经常配置为以最大权限运行，这样任何破坏了系统的攻击者都可以获取最大权限。

5.2.3 文件系统访问控制

谈及“谁对谁做了什么”这一问题时，也需要讨论用户执行行为的对象。在典型的现代系统中，通常称该对象为文件系统。现代系统中的数据和程序都表现为文件。有些程序文件是系统功能的关键部分，如执行 Shell 关键命令的程序；有些数据文件是系统配置的关键部分，如/etc/passwd。伪文件，如显示在/proc 和/dev/kmem 上的文件，也非常重要。因为伪文件使进程间的交互可以通过标准文件系统接口来实现。

典型的文件操作权限是读、写和执行。对于目录而言，执行意味着进入子目录。需要说明的是，上述权限仅是典型的权限，不是全部权限。系统也可能定义更为详细的权限，一个很好的例子是 Unix 系列操作系统的 Setuid 权限。它允许用户以程序拥有者的权限来运行该程序，但该权限也仅限于运行该程序。该权限在文件更新时非常有用，任何人都可以更新该文件，但是必须以一种非常谨慎的方式更新文件。例如，假设一个文件记录了游戏玩家的最高分，如果任何人都可以随时写这个文件，那么没有人会信任该文件所报告的分数。企业系统的管理员通常使用类似 Setuid 权限的技术来允许特定用户以根用户的权限执行特定任务。管理员可以使用程序或者 Shell 脚本来完成这一任务，使其拥有者为 Root，但是赋予其 Setuid 权限，用户可以在需要的时候拥有 Root 权限。但是，这种技术可能有负面作用，攻击者可以通过欺骗该程序来以 Root 权限执行他自己的代码。

访问控制矩阵有两种方法：基于列的方法为每个客体存储一个访问控制列表(ACL)；基于行的方法则存储每个主体访问能力(Capability)。现代 Windows 系统均使用 ACL 方法。系统中的每个客体，如目录、文件、网络共享等，都有一个相应的访问控制列表。ACL 是访问控制表项(Access Control Entry，ACE)

的列表，该列表包含：用户或者组；操作，如读或者写；权限，如允许或者禁止。当 Alice 试图操作某个客体时，如打开某个文件，内核检查该客体的 ACL，以判定该操作是否允许。如果禁止 Alice 或者她所属的组访问该文件，那么该检查将立即完成，Alice 被禁止访问；否则，系统将检查 ACL 中的所有访问控制入口，以判定 Alice 所拥有的权限集合。如果她所尝试的操作在其权限集合内，那么就允许该操作，否则拒绝该操作。

相反，Unix 系列的系统，如 Linux 和 OSX(基于 FreeBSD)，则使用混合访问控制方法。每个文件都有一个拥有者和一个组。文件的拥有者可以改变其所属的组；组由很多用户组成，一个用户可以属于多个组。每个文件拥有三个权限集合：拥有者权限集合；所属组权限集合；任何其他人的权限集合。每个集合都是下面集合的子集{“read”，“write”，“execute”}。

当用户 A 请求操作该文件时，操作系统将顺序检查这些集合，即：

(1) 如果用户 A 是文件的拥有者，那么由拥有者权限集来判定其是否可以执行该操作。

(2) 如果用户 A 是文件所属组的成员，那么由组权限集合判定该问题。

(3) 根据任何其他人的权限判定该问题。

Unix 系统所采用的方法与 ACL 类似，每个对象都有子集的权限列表。但是，此方法也有些类似权限能力，组成员身份可以赋予某个主体特定的访问权限。需要指出的是，在这两种方案中，管理员或根账户拥有所有这些权限的检查权。也就是说，超级用户拥有完全控制系统中所有对象的能力。

上述方法仅是经典的做法，不是所有系统都需要采用的方法，也不是适用于所有应用场景的正确方法。例如，回忆之前的术语，可能不满足于任意访问控制策略，它使用户能够自由决定他所拥有的对象的访问控制权限；可能更希望系统实施强制访问控制，以达到更高的安全性，如多级安全 MLS。另外一个例子，传统 Unix 文件系统的权限表达能力非常差，可能更希望系统采用其他模型，如 RBAC 或者长城模型。

5.2.4 引用监视器

计算机科学经常鼓吹将策略与机制分离。本书不是很赞同将这两者分离的观点。操作系统设计可能很好地定义了主体、客体、访问控制，但是如果在系统开发完成后，不能很好地检查访问许可，那么可能就不能成功地实现预期目标。如前面所讨论的那样，系统执行完备性检查，检查每个动作是否许可是非常必要的。操作系统可以将所有检查在一个重要模块中实现，该模块称为引用监视器，它是美国国家安全局安全增强 Linux(SELinux)的主要贡献之一，

SELinux 在 Linux 中引入了引用监视器的形式化可嵌入框架。

5.2.5 可信计算基础(TCB)

从某种意义上来说，操作系统中的所有保护措施都是在转移和减少信任问题。例如，相信个人计算机大部分都可以正确地、无恶意地运行是非常危险的。系统是一个代码和用户组成的庞大集合，谁也不知道如果某个部件产生错误将会怎样。然而，可以使系统尽可能地减小该集合，也许只需要相信操作系统和 CPU/MMU 能够正确运行，就不必去假定用户进程能够正确地和无恶意地执行操作。最好的做法是，使必须相信的事物集合尽可能小，并处于控制之中。

这一概念称为可信计算基础(Trusted Computing Base，TCB)，即必须相信的事物集合。但是，如果相信可信计算基础，那么就没必要相信其他事物。如前面例子所示，计算机的操作系统至少在直觉上看起来是可信计算基础的自然组成部分。实际上，可信计算基础包含的范围可能更大。例如，操作系统允许任意设备驱动器运行在内核模式下，可信计算基础在工程上也难以满足信任的要求。

5.2.6 操作系统安全功能

一个安全的操作系统应该具有以下的功能。

1. 有选择的访问控制

对计算机的访问可以通过用户名和密码组合机物理限制来控制；对目录或文件级的访问则可以由用户和策略组来控制。

2. 内存管理与对象重用

系统中的内存管理器必须能够隔离每个不同进程所使用的内存。在进程终止且内存被重用之前，必须在再次访问它之前，将其中的内容清空。

3. 审计能力

安全系统应该具备审计能力，以便测试其完整性，并可追踪任何可能的安全破坏活动。审计功能至少包括可配置的事件跟踪能力、事件浏览和报表功能、审计事件、审计日志访问等。

4. 加密数据传送

数据传送加密保证了在网络传送时所截获的信息不能被未经身份认证代理所访问。针对窃听和篡改，加密数据具有很强的保护作用。

5. 加密文件系统

对文件系统加密保证了文件只能被具有访问权的用户所访问。文件加密和解密的方式对用户来说应该是透明的。

6. 安全进程间通信机制

进程间通信是给系统安全带来威胁的一个主要因素，应对进程间的通信机制做一些必要的安全检查。

5.2.7 操作系统安全设计

操作系统的安全性遍及整个操作系统的设计和结构中，所以在设计操作系统时应多方面考虑安全性的要求。下面是操作系统安全设计的一些原则：

(1) 最小权限；

(2) 机制的经济性；

(3) 开放式设计；

(4) 完整的策划；

(5) 权限分离；

(6) 最少通用机制。

可共享实体提供了信息流的潜在通道，系统为防止这种共享的威胁要采取物理或逻辑分离的措施。

5.2.8 操作系统安全性

操作系统的安全安全性应当体现以下几个方面。

1. 用户认证能力

操作系统的许多保护措施大都基于鉴别系统的合法用户，身份鉴别是操作系统中相当重要的一个方面，也是用户获取权限的关键。为防止非法用户存取系统资源，操作系统采取了切实可行的、极为严密的安全措施。

2. 抵御恶意破坏能力

恶意破坏可以使用安全漏洞扫描工具、特洛伊木马、计算机病毒等方法实现。一个安全的操作系统应该尽可能减少漏洞存在，避免各种后门出现。

3. 监控和审计日志能力

从技术管理的角度考虑，可以从监控和审计日志两个方面提高系统的安全性。

1) 监控(Monitoring)

监控可以检测和发现可能违反系统安全的活动。例如，在分时系统中，记录一个用户登录时输入的不正确口令的次数，当超过一定的数量时，就表示有人在猜测口令，可能就是非法的用户。

2) 审计日志(Audit Log)

日志文件可以帮助用户更容易发现非法入侵的行为，可以综合利用各方面的信息，去发现故障的原因、侵入的来源以及系统被破坏的范围。

5.3 真实操作系统：几乎实现了所有功能

真实操作系统远超本书所描述的简单抽象模型。操作系统曾经仅由内核、驱动、命令解释器和文件系统组成。现代操作系统则包含了大量各种各样的程序、服务，以及为用户提供便利的工具。很多操作系统都提供了函数库，不只提供满足程序员系统调用以及方便字符串复制的过程，还包括远程过程调用、密码学等更多功能。有些提供商提供的应用捆绑，如在操作系统上捆绑 Web 浏览器，甚至违反了美国政府的相关规定。由于操作系统面向的用户群体非常广泛，包括普通用户、应用开发者和硬件制造商，它们已经成为了“瑞士军刀”式的多功能软件。信任也随之而消失。

5.3.1 操作系统的访问

操作系统为应用程序开发者提供了用以完成某些任务的服务，而用户级应用没有执行这类任务的权限，或者不能执行。这类服务包括进程间通信机制(IPC)和内核级数据结构访问方法，如信号量、内核级线程和共享内存。由于应用程序有时要超过操作系统限定的边界，如内存保护。因此，操作系统需要提供某种机制以协助这种操作。

如5.1节所述，用户进程与操作系统之间的通信通常采用系统调用的方法，应用可用的系统调用集合构成了操作系统的接口。该接口在不同的操作系统中也有所不同，尽管人们已经就该接口的标准化工作付出了大量的努力。

1. POSIX

20 世纪 80 年代中期，IEEE 定义了一套 Unix 操作系统的接口，并将该系列标准称为可移植操作系统接口(POSIX)[IEE04]。那时，甚至今天，存在很多版本的 Unix 操作系统，在某一版本上编写的程序在另外一个版本上的系统不见得能够运行，主要原因是不同操作系统提供的 API 不相同。POSIX 的基本思想就是使在某一操作系统上编写的代码可以在另一系统上运行。

POSIX 标准有多个部分，不同操作系统可以自由选择不同的部分来实现，即使是 Windows NT 内核也仅实现了 POSIX 标准的一部分。Linux(在该上下文中是指 Linux 内核和 GNU 工具)也有自己的标准，提供跨 Linux 版本的兼容性。尽管 Linux 并不严格遵循 POSIX 兼容标准，但 Linux 标准的很多部分都与 POSIX 保持一致。

2. Win32 应用程序接口

Windows 操作系统在应用程序和系统调用之间提供了一个抽象层，即

Wind32 API。Wind32 一词源自支持 Intel 的 IA32 体系结构的 Windows 操作系统(为了将此与 5.1 节中的背景概念相关联，这里特指明 Win32 API 为库)。

该抽象层允许 Microsoft 公司随意地改变系统，而应用程序开发者则不需要改变。当然，当 Win32 API 自身改变时，应用开发者就必须改变。但 Microsoft 公司通常会保持某些接口的一致性，以避免引起标准应用程序的更新。

尽管 Win32 API 的概念与 POSIX API 的概念相似，但它们在语义上是不同的。尽管它们都有 C 语言风格的函数语义，但是 Win32 API 需要使用大量的特定数据结构和技术。一个例子是允许同一 API 被调用很多次，每次调用的参数也不同，这样做可以便于应用程序获取需要分配的目标缓冲区大小信息。相关文档可以在 Microsoft 公司网站上获取。

5.3.2 远程过程调用支持

1. RPC

操作系统经常绑定的另外一个功能就是远程过程调用(RPC)。远程过程调用开发于 20 世纪 70 年代晚期和 80 年代早期，它允许其他机器像调用本机的一个标准过程那样调用一台机器上的代码。在底层，RPC 库截取过程调用，封装该调用，排列参数，然后将请求发送到目标机器。在目标机器上，远程过程调用库解装该调用及其参数，将其发送到预定目标。当过程处理完成之后，目标机器上的 RPC 库封装返回结果，将其发送到调用者机器。

理论上，程序员可以在每次需要从本机调用其他机器上的过程时，编程实现整个过程。但实际上，整个过程比较繁琐，并会隐含许多 Bug，而这些 Bug 并不是程序员主要目标的构成部分。如果由程序员负责调用该过程，编写该过程，由编译构造环境负责其余部分，那么事情将会简单得多。这就是 RPC 库所具有的功能。

RPC 的功能并不是操作系统的必要组成部分，但是远程 RPC 库通常与操作系统绑定。由于网络协议栈通常由操作系统负责监控，因此将 RPC 服务放在这里是合理的，但这种方法同时也为攻击者提供了机会。

2. DCOM

今天主要使用两种远程过程调用技术：UNIX 系统系列的 SunRPC 和 Windows 系统系列的 MSRPC(后者基于 DCERPC)。除了 MSRPC，Microsoft 系统也支持称为组件对象模型(Component Object Model，COM)的远程过程调用技术。COM 的基本思想是允许开发者使用自己熟悉的语言编写软件组件，发布组件，然后由其他开发者使用该组件，其他开发者所使用的编程语言可能与组件的编程语言不同。

COM 允许来自不同团体的开发者共享他们的组件，一旦该组件安装在他们的机器上就可以使用。Microsoft 公司后来又开发了分布式组件对象模型(DCOM)，允许开发者使用远程主机上的 COM 组件。分布式组件对象模型基于 MSRPC 开发，允许访问远程主机所提供的服务，同时其安全性也受到了研究者的关注。

5.3.3 密码学支持

近年来，操作系统开始通过系统调用和系统级 API 来提供密码学服务。密码学应用程序接口(Cryptographic API，CAPI)是 Microsoft Win32 API 的一个子集，为开发者提供了一套密码学处理程序和证书管理函数。Windows 操作系统甚至内嵌存储了证书和私钥，使用称为 Windows 注册表的特殊存储系统来存储数据。操作系统的所有这些功能为应用开发者带来了极大的便利。但是，对安全研究人员来说，则需要考虑新功能所带来的新的安全问题，因为 CAPI 可能带来新的安全问题。

在操作系统中整合密码学操作的部分原因是满足 Microsoft 公司网页浏览器 Internet Explorer(IE)加密的需要，由于需要支持安全套接层(Secure Sockets Layer，SSL)，浏览器是最早需要密码学支持的。没有操作系统的支持，浏览器需要自己实现密码学子系统。例如，Mozilla 浏览器有较为完善的密码学子系统，以支持 SSL 和 S/MIME(后者用于加密 MIME 编码的消息，如电子邮件附件)。

Linux 系统则较晚才采用了系统范围内的密码学支持。截至目前，最新内核版本成为第一个支持密码学应用程序接口(CAPI)的版本。为了便于使用，Linux 内核的密码学应用程序接口(CAPI)不仅为内核代码如网络协议栈、其他模块等提供密码学服务，也为内核外的应用程序代码提供密码学服务。尽管 Linux 密码学支持不提供证书存储，但是提供了实现文件系统安全和完整性的必要工具。

5.3.4 内核扩展

到目前为止，本书已经讨论了一些绑定到现代操作系统的公共服务，这些服务通常由提供商封装到操作系统中，或者是由维护操作系统的开发者团体提供。除了这些服务，操作系统还提供了允许任何人扩展操作系统的 API。该技术最常用的用途是允许第三方开发者开发外围硬件设备驱动，如打印机、网卡、声卡等。由于驱动可以访问内核级的数据结构，并能够以内核权限执行。因此，这类 API 也为攻击者提供了一种攻击操作系统的途径。

Windows 操作系统为实现设备驱动提供了一套良定义的 API。当用户安装设备驱动时，它首先注册到硬件抽象层(Hardware Abstraction Layers，HAL)，该层支持操作系统直接使用该设备而不需要知道该设备的细节，毕竟细节问题是驱动程序所要做的。

Linux系统的设备驱动要么直接编译到内核，要么以动态可装载内核模块的方式实现。像Windows设备驱动一样，Linux内核模块实现了一套良定义的接口。但与Windows系统不同的是，Linux内核模块可以动态地从内核装载和卸载，而不需要重启。对于这两种系统来说，适当的特权户通常可以编写和装载内核模块，从而可以有效地访问内核执行线程及其数据结构。

5.4 针对操作系统的攻击

作为计算机系统的中枢程序，操作系统担当着很多角色。首先，它负责执行用户程序，并避免它们相互影响。其次，它为系统中的其他程序提供主机服务。再次，它存储和保护存储在文件系统中的信息。

从攻击者的角度来看，操作系统成为攻击目标的理由很多。第一，如果计算机中保存有攻击者所需要的信息，如公共信息或者军事数据，那么操作系统就是最后的防线。第二，操作系统也可能成为攻击者攻击其他系统的跳板。例如，攻击者在攻破目标主机的操作系统后，就可以通过该主机向目标网络发送大量的格式错误或者恶意的网络数据。第三，操作系统提供了隐藏远程攻击者攻击踪迹的方法。例如，Carlo 可能首先攻破 Bob 的机器，然后从 Bob 的机器上攻击 Alice 的机器，如果 Carlo 做得好，那么调查人员就会相信 Bob 是攻击者。本节将讨论针对操作系统的攻击模式。

5.4.1 通用攻击策略

不论攻击者的动机是什么，其目标通常是获取拥有者(Own)或者根用户(Root)的权限。也就是说，攻击者能够完全控制程序的安装和运行，能够访问文件系统中所有的文件，能够修改用户账号。有些时候，如果幸运的话，攻击者可能仅需要利用一个隐患就可以达到该目标(假设是操作系统的隐患，如 DCOM 漏洞)。有些时候，攻击者需要付出更多的努力才能达到目标。例如，仅能够获取低级别访问权限用户账号的攻击者，必需提升自己的权限等级，才能达到目标，获得目标机的拥有者权限。

需要提醒的是，权限等级有其自然的顺序：“低权限级别”权限小，“高权限级别”权限大。计算系统通常将权限级别或者优先级编码为一个数字，数字也有自己的顺序，即≤和≥。不幸的是，这些顺序的对应关系有两种，究竟是低权限级别对应低数值还是高数值？需要注意的是，在真实系统中，这两种方法都在用。

如所讨论的那样，现代操作系统提供了很多服务，有些服务甚至运行在操作系统的最高权限级别。很多服务，如DCOM，都要使用网络，这样就给远程攻击者提供了一种访问目标操作系统的方法。有一类攻击就是远程攻击者利用这类服务，发送自己的程序到目标操作系统并执行造成的，这种攻击模式称为远程代码执行(Remote Code Execution)攻击。

另外一种攻击方法是攻击者在目标机上安装按键记录程序，攻击者利用该程序捕获所有系统合法用户的按键操作。采用这种方法，攻击者可以发现密码，甚至可能提升自己的权限等级。有时候，按键记录器(Key Logger)仅是一个大型攻击工具集合的一个组成部分，这类大型攻击工具集合称为Rootkit。

攻击者可以利用的另外一些方法是如果发现远程代码执行漏洞，在目标系统上安装一个程序，利用该程序发起针对另一站点的拒绝服务攻击(Denial-of-Service，DoS)。例如，可能仅是简单的发起大量看起来合法的请求，耗尽站点的资源。这类程序称为Bot程序，它是Robot的缩写，是指实现恶意控制功能的程序代码，它们是由攻击者远程控制的，有时候可能需要通过一个Internet中继聊天(Internet Relay Chat，IRC)服务器。攻击者有时可能已经攻破了大量的机器，并在上面植入了Bot程序。植入Bot程序的计算机一般称为僵尸计算机，存在大量僵尸计算机的网络通常称为僵尸网络(Botnet)。要达到控制目标网络的目的，攻击者需要做很多工作，需要编写运行在每个目标操作系统上的Bot程序，或者在黑市上购买Bot程序。僵尸网络(Botnet)可以用来实施大规模分布式拒绝服务攻击(Distributed DoS，DDoS)，从而关闭Web站点。

攻击者为什么要攻击？在调查攻击时可以发现：找到破坏系统安全的方法和产生利用该方法进行攻击的动机之间还有差距，即攻击者即使发现了某个隐患，也不一定会利用该隐患来发起攻击。这种差距使得管理人员认为企业不需要防御某些攻击，因为“从没有人利用该隐患实施攻击。”这种短视通常只是缺乏想象。例如，在僵尸网络中，攻击者可以利用DDoS的威胁来勒索依赖互联网的公司。这也引发了一些有趣的社会问题：拥有缺陷系统的团体需要采取措施来阻止攻击，但这类团体往往不是最后受伤害的团体。

另一类攻击是运行在低权限级别的攻击者可以获取高级权限(如前所述)。在这种情形下，攻击者首先获取一个低级的账号，然后利用隐患来提升自己的权限级别。过去很多系统为来宾账号设置默认访问权限，这类账号通常没有密码，或者密码安全性弱，很容易遭受权限提升攻击。

远程代码执行漏洞的最后用途是传播蠕虫或者病毒。攻击者首先发现一个不需要用户交互(例如，不需要目标系统访问某个URL)就可触发的远程代码执行漏洞，然后编写自传播的程序扫描和利用该漏洞。由于这个原因，该类漏洞有时称为蠕虫型漏洞。

5.4.2 通用攻击技术

本书全程都会讨论系统攻击技术。本节将介绍一些这方面的主题，并给出一些针对操作系统的攻击的细节内容。

一个非常古老的骗术就是欺骗其他人泄露证书，这类策略通常称为社会工程学。典型的社会工程学攻击是攻击者像合法系统用户那样呼叫帮助台，然后编造谎言说他丢失了密码，希望帮助台能够提供一个新的密码。为了提高攻击的有效性，攻击者经常会根据人的自然心理来增强欺骗性。例如，漂亮年轻的女人可能很容易欺骗男性技术工人；扮演一个愤怒没有耐心的高级经理的攻击者比骗过一个地位较低的IT人员容易。

拥有更多资源的攻击者能够依靠垃圾搜寻(Dumpster Dive)来从大量的垃圾信息中搜集有用的信息。尽管很多机构对相关人员进行了大量的培训以阻止该类型的攻击，但很多攻击者仍然将人视作操作系统安全中最为薄弱的环节。必须承认的是，这种方法非常普通，没什么新意，但仍然有效。有兴趣了解更多社会工程方面知识的读者可以查阅Kevin Mitnick编著的*The Art of Deception*一书。

攻击者经常使用的另外一种技术是反向工程(Reverse Engineering)，通过对软件实施反向工程来发现其中的隐患。软件可能是操作系统，或者是操作系统提供的服务，如DCOM(事实上，由于害怕攻击者在获取源码后能够轻易地发现隐患，提供商经常保留源码的所有权，这一点至少可以避免潜在攻击者轻易地克服反向工程的障碍，后面将详细讨论)。一旦发现某个隐患，攻击者就可以编写一个程序，利用该隐患，获取目标主机的远程特权级访问权限，在目标主机上运行任意命令，或者直接在目标主机上运行攻击者的代码。

最后一种攻击者经常使用的技术是利用与操作系统紧耦合的应用程序来获取操作系统访问权限。IE浏览器是这类攻击的典型代表。由于浏览器的很多工作需要内核级权限，并且通过Web页面从Web服务器获取信息，攻击者可以利用Web页面巧妙地欺骗用户以让他们在自己的机器上安装攻击者的代码。

5.4.3 按键记录器和Rootkit

前面已简单地讨论过该问题，一种很常用的攻击方法就是在目标主机上安装软件。按键记录器软件就是该类型的恶意软件，通常称为间谍软件。间谍软件可被攻击者用来远程监控目标机。

能够发现间谍软件存在的系统用户或者管理员可以采取一些正确的措施来避免该类软件的破坏行为，如移除软件，或者至少需要隔离受感染的机器。因此，攻击者可能要付出大量的努力来避免其软件被检测和移除。Rootkit 就是该类攻击软件，根用户可能也无法检测到它的存在。正如 5.3 节所讨论的那样，操作系统的功能之一就是跟踪进程，并通过系统调用或者 Shell 命令向用户报告跟踪记录。因此，Rootkit 需要付出很大努力才能够使自己不显示在标准报告工具和文件系统中。例如，Unix 系统使用 ps 命令来显示当前正在运行的进程。因此，要想隐藏自己的进程需要重写 ps 代码，以使 ps 不报告自己的存在。另外一些 Rootkit 直接修改内核的数据结构来达到同样的效果，例如很多内核级 Windows Rootkit 将自己从进程表中移除。

Rootkit 是一套攻击工具集合，攻击者在成功获取目标机的根权限后，在目标机上安装 Rootkit 以达到隐藏自身踪迹的目的。本节仅简单地介绍 Rootkit 的一些基础知识，有兴趣的读者可以在互联网上的参考文献的中获取更为详细的信息。

1. Windows Rootkit

Windows 有两种类型的 Rootkit：一类运行在用户空间；一类运行在内核空间。运行在用户空间的 Rootkit 虽然危险，但是很容易检测。这类 Rootkit 通常将自己注入到某些报告系统状态的程序中(如用来浏览文件系统的 Windows Explorer)。Rootkit 利用动态链接库(Dynamic Link Library，DLL)注入技术，可以强制 Windows 装载程序将 Rootkit 代码载入到目标进程中，该处目标进程就是指 Windows Explorer。另外一种方法是利用 Win32 API 调用函数 Create Remote Thread 在目标进程中创建执行线程(代码由攻击者选择)。然后，攻击者就可以查看和修改目标进程的地址空间。这种方法虽然可以用来攻击，但也是一种合法的使用方法。因此，在 Windows 系统编程文献中有详细的描述。

一旦安装到目标进程，Rootkit 代码所要做的第一件事就是通过修改目标进程的导入地址表(Import Address Table，IAT)来重定向它所感兴趣的 Win32 API 调用。IAT 是一个指针表，装载程序使用该指针来查找 API 调用的地址。重定向目标的 IAT，使其指向 Rootkit 规定的地址，Rootkit 就可以截取它需要的任何 API 调用。用户级 Rootkit 通过这种方法来达到隐蔽自己。例如，当需要显示某个目录的内容时，Windows Explorer 会调用某个 API，如果已经安装了某个 Rootkit(如 Vanquish)，那么就可以截取该调用，避免其报告 Rootkit 自身信息。它的作用就是避免使用 Windows Explorer 浏览文件系统的用户看到 Vanquish Rootkit。该技术称为 API 钩子(API Hooking)，使用该技术的 Rootkit 有时称为钩子(Hooker)。

以驱动程序方式安装的Windows Rootkit更加难以检测，这种方式的Rootkit能够访问一些内核数据结构。与用户空间Rootkit重定向目标进程的IAT不同，内核Rootkit将自己钩在系统服务描述符表(System Service Descriptor Table，SSDT)上，该表也称为系统调用表。Rootkit利用该技术截取任何它感兴趣的机器进程的系统调用。另外，内核级Rootkit可以使用如直接内核对象操作(Direct Kernel Object Manipulation，DKOM)技术修改内核的内部状态。Rootkit可以使用该方法修改数据结构，如进程表，来有效地隐藏自己。

检测Rootkit比想象中的更为艰难。很多反病毒软件能够检测一些非常普通的Rootkit，但是难以检测更为先进的Rootkit。当前已经出现了很多检测Rootkit的专用工具。2004年，Microsoft研究院发布了一种称为Ghostbuster的检测工具，该工具能够检测一些Rootkit。其主要工作原理是：首先在API级扫描感染的系统；然后再在原始磁盘级扫描系统；最后进行对比。如果API级扫描没有报告磁盘级扫描的数据，那么系统中就可能存在Rootkit。2005年，Bryce Cogswell和Mark Russinovich发布了一个称为Rootkit Revealer的工具，它利用上述类似的技术来检测Rootkit。

2. Linux Rootkit

Linux并不是不受Rootkit的影响，只是在方法上可能有所不同。旧版本Linux(以及Unix)Rootkit的工作原理是替换负责向系统管理员或者根用户报告系统状态的系统代码。旧版本Rootkit的通常做法是先关闭系统日志监控进程(负责记录系统变化的组件)，然后将系统中的一些关键代码替换为自己的代码，这类关键代码通常包括netstat、ps、top等。Rootkit通过替换这些程序来隐藏自己使用的网络连接和进程。但是，管理员通过使用或者编写未被Rootkit修改的程序可以很容易地检测到Rootkit。

更为复杂的Linux Rootkit与Windows上的Rootkit工作原理很相似，即钩在系统调用上，然后直接修改内核数据结构。由于Linux内核允许用户和攻击者通过模块扩展内核，因此很多内核Rootkit以模块的形式实现。一旦安装，Rootkit将重定向部分系统调用表指向自己的代码，以截取机器上其他进程的系统调用。

目前有很多检测Windows Rootkit的方法，但没有一种是完善的。一种方法是通过文件系统完整性检查工具(如Tripwire)来监控磁盘的变化，这类工具检查文件的内容是否已经遭受非法修改(编者曾使用该技术发现了Windows和Linux系统上的Rootkit)。尽管Rootkit在系统程序级的隐藏非常成功，但是要实现在磁盘上的隐藏要困难得多，虽然也不是不可能。另外一些方法则试图检测内核模块是否修改了系统调用表，该方法的基本思想认为只有Rootkit才会修改系统调用表。

5.5 选择何种操作系统

在职业生涯中，总是会面临选择使用何种操作系统的问题。这些问题可能是在新的计算机上选择安装何种操作系统；在客户站点上推荐部署什么；在什么样的平台上开发新的应用。对很多人来说，选择使用什么操作系统仅仅是一个偏好或者心理上的问题，或者是由其他人决定。本节将讨论在面临这种选择时需要考虑的与安全相关的因素。

5.5.1 Windows 和 Linux

在对比 Windows 和 Linux 时，一个非常古老但仍然在争论的问题就是：谁更安全？几乎每一年，都有团体会号召一些“公正的”第三方调查和判定哪个操作系统更安全，这些第三方通常只比较两者发布在 BugTraq 邮件列表上的漏洞数量、蠕虫和病毒的数量、安全补丁的数量等。有趣的是，发起调查的一方几乎总是胜出的一方，失败的一方也总是质疑谁做的调查，并宣称该团体并没有做到公正无私，还经常在他们的调查方法上挑毛病。

真实的情况是两种操作系统都有安全问题。如果一直有人使用它们，那么他们将很可能会不断地发现安全问题。正如所述，安全性和易用性之间需要折中考虑。如果这些操作系统被一定数量的人购买使用，那么它们就必须保持一定的易用性。但是，如果它们易于使用，那么在安全性上就相对较差。在安全作为最高优先级考虑的环境中，这些操作系统或其他操作系统在特定安全上的配置可能更有必要(稍后将讨论其他操作系统)。

假设两种操作系统都有共同的安全问题，那么一个很明显的问题是：为什么不使用 Mac 呢？有人可能由于 Mac 没有发布像 Windows 和 Linux 那么多的负面安全问题，就认为 Mac 必然不存在同样的安全问题。也有人认为 Mac 的市场份额不够，不足以引起攻击者的注意，发现一个 Windows 系统隐患所获取的回报要高于发现一个 Mac 系统隐患的回报，因为攻击者可以感染更多的系统。

但目前，已经有人开始调查 Mac 的安全问题。随着 Mac OSX 推广范围的不断扩大，最近已经出现了一些针对该系统的蠕虫。有人认为 Mac 系统存在大量的隐患，因为安全研究人员并没有像关注 Windows 系统那样关注它。不论如何，操作系统的使用范围越广，它受到安全团体的关注就越多。

Mac OSX 也有超过 Windows 的地方。它基于有着悠久历史的 BSD 和 Mach

微内核技术，对在内核模式中运行的程序有更多的规定。Mac OSX 内的核心是开源的。更多有关 OSX 工程思想方面的信息可以在 Amit Singh 的书中查阅。

5.5.2 其他操作系统

1. OpenBSD

OpenBSD 操作系统是一个考虑了安全性的具有 BSD 风格的 Unix 系统。OpenBSD 官方网站自豪地宣布："在 10 多年里，默认安装仅发现了两个远程漏洞！"。OpenBSD 是第一批整合了密码学支持的 Unix 系列系统之一，从为开发者提供支持的密码学服务和一些如密码存储机制的内部系统中可以看出这点，OpenBSD 使用 Blowfish 算法加密码。

OpenBSD 试图做到在默认配置下是安全的，管理员不需要执行冗长的任务列表检查就可以将机器连接到网络。该项目仍然关注安全方面的问题，并且已经开发了一些可自由使用的安全工具。

2. SELinux

安全增强 Linux(Security Enhanced Linux，SELinux)采用基于角色的强制访问控制，保护用户免受其他用户(包括根用户)的影响。SELinux 的核心是一套大规模且复杂的策略声明，用来为主体分配角色，为客体分配类型，并解释了特定角色的主体如何与特定类型的客体交互。用户可以根据该策略声明来创建软件隔间(Software Compartment)，使得应用程序在软件隔间中运行，不能访问其他进程的内存或者数据。根据该策略声明，还可以限制隔间之间的交互。SELinux 可以从美国国家安全局的项目网站下载，它已经是某些版本 RedHat Linux 的一个组成部分。

3. OpenSolaris

Solaris 是来自 Sun Microsystems 公司的 Unix 系列操作系统之一，它开发了一个评估机制，利用一些非常有趣的检查工具来评估可靠性(尤其是为高端服务器)和可观察性。最新版本的 Solaris 还开发了进程权限管理和容器。Sun 的销售宣传鼓吹说"Solaris 10 操作系统，是由 Sun 公司投资超过 5 亿开发出的系统，是地球上最为先进的操作系统"。

尤为有趣的是，Sun 最近发布了一个 Solaris 开源版本，尽管 Sun 工程师有最终解释权，但是用户可以阅读代码，修改并重新编译代码，并提供反馈。这种做法使各种研究团体有机会观察一个长期演化且高度工程化的系统的内部结构。

4. 开源问题

下面讨论软件开源和其安全性问题，尤其是操作系统开源所带来的安全问题。

首先，需要弄清楚什么是“开源”，可以采用以下方法分类：

(1) 公开源码的软件，这类软件可以检查。

(2) 满足(1)的条件，并且用户/消费者也能够修改和重新编译该软件，还有在其公司部署修改后的软件是合法的。

(3) 满足(1)和(2)的条件，并且源码本身是由许多自愿者组成的团体编写的。

有人认为，发布源码会降低软件的安全性，因为攻击者能够很容易地发现隐患。编者强烈反对这种观点。从历史上看，“通过隐藏内部结构来保证安全性”的效果不是很好。并且，来自 Diebold 投票机的最新事件表明，“保密源码”只为不良软件工程提供了借口。端用户重新编译和重新部署软件的能力能够使他们在需要的时候补上隐患，而不必等待开发商的相关补丁，但这对软件开发企业的软件工程和测试技巧提出了更高的要求。

来自大型机构的软件则更为复杂。曾经有一个经理反对在产品中使用自由软件，因为她担心没有人会为修补那些软件的 Bug 而负责。国家安全人员担心大型匿名机构中的恶意编程人员可能在软件中插入恶意代码。例如，几年前，一个开源的操作系统中曾发现以下语句：

```
if((options == (_WCLONE|_WALL))&&(current->uid = 0))
retval = -EINVAL;
```

正确的语句应为 current->uid ==0，一个字符上的疏忽会给操作系统安全造成极大影响。一个看似无害的错误检查能够通过将调用者的权限设为 Root(0)，而形成提升权限攻击。

就编者亲身调查来看，小型高效的小组所开发的软件要好于大型效率较低的团队。

5.5.3 Windows 安全机制

Windows 安全服务的核心功能包括了活动目录 AD 服务、对 PKI 的集成支持、对 Kerberos V5 鉴别协议的支持，保护本地数据的 EFS 和使用 IPSec 来支持公共网络上的安全通信等。

活动目录是一种包含服务功能的目录，它可以做到“由此及彼”的联想、映射。如找到了一个用户名，可以联想到该用户的账号等，可以极大地提高系统资源的利用效率。

活动目录包括目录和与目录相关的服务两个部分。目录是存储各种对象的一个物理容器，与 Windows9X 中的“目录”和“文件夹”没有本质区别，仅仅是一个对象。目录服务是为目录中所有信息和资源发挥作用的服务，活动目录是一个分布式的目录服务，能对用户提供统一的服务。

Windows 系统的安全模型正是建立在活动目录结构之上，提供域间信任关系、组策略安全管理、身份鉴别与访问控制、管理委派等安全性服务。

1. 域间信任关系

这里的域是指 Windows 网络系统的安全性边界。Windows 支持域间的信任关系，用来支持直接身份验证传递。用户和计算机可以在目录树的任何域中接受身份验证，使得用户或计算机仅需登录一次网络就可以对任何他们拥有相应权限的资源进行访问。

2. 组策略安全管理

组策略安全管理可以实现系统的安全配置。管理者可用此设置来控制活动目录中对象的各种行为，使管理者能够以相同的方式将所有类型的策略应用到众多计算机上，可以定义广泛的安全性策略。

3. 身份鉴别与访问控制

身份鉴别服务用来确认任何试图登录到域或访问网络资源的用户身份。在 Windows 环境中，用户身份鉴别有两种方式：

(1) 互动式登录，向域账户或本地计算机确认用户的身份；

(2) 网络身份鉴别，向用户试图访问的任何网络服务确认用户的身份。

4. 管理委派

将原来复杂的域管理任务分配给多个管理员进行管理。

Windows使用Kerberos V5协议作为网络用户身份认证的主要方法。Windows操作系统全面支持PKI，并作为操作系统的一项基本服务而存在。

Windows 提供了加密文件系统EFS 用来保护本地系统，如硬盘中的数据安全。EFS 是 Windows 的 NTFS 文件系统的一个组件，能让用户对本地计算机中的文件或文件夹进行加密，非授权用户是不能对这些加密文件进行读写操作的。

Windows 提供了安全模板工具，它可以方便组织网络安全设置的建立和管理。安全模板是安全配置的实际体现，它是一个可以存储一组安全设置的文件。Windows 包含一组标准安全模板，模板适用的范围从低安全性域客户端设置到高安全性域控制器设置都有。

Windows 中对用户账户的安全管理使用了安全账号管理器 SAM (Security Account Manager)，是 Windows 的用户账户数据库，所有用户的登录名及口令等相关信息都会保存在这个文件中。Windows 系统中对 SAM 文件中资料全部进行了加密处理，一般的编辑器是无法直接读取这些信息的。

Windows 还支持支持 IPSec 协议。IPSec 提供了认证、加密、数据完整性和 TCP/IP 数据的过滤功能。为了提供与现有客户端的兼容性并利用特殊的安全机制，Windows 操作系统使用 SSPI 来确保在基于 Windows 环境中实现一致的安全性。SSPI 为客户机 / 服务器双方的身份认证提供了上层应用的 API，屏蔽了网络安全协议的实现细节。

Windows 允许用户监视与安全性相关的事件(如失败的登录尝试)，因此可以检测到攻击者和试图危害系统数据的事件。Windows 还产生安全性日志，并提供查看日志中所报告安全性事件的方法。

5.5.4 Windows 安全配置

基于 NT 技术的 Windows 操作系统自身带有强大的安全功能和选项，只要合理地配置它们，Windows 操作系统将会是一个比较安全的操作系统。据说，有 90%的恶意攻击都是利用 Windows 操作系统安全配置不当造成的。

1. 使用 NTFS 分区格式

NTFS 文件系统具备高强度的访问控制机制，保证用户不能访问未经授权的文件和目录，能够有效地保护数据不被泄漏与篡改。同时，NTFS 文件系统还具有查找文件速度快、产生文件碎片少、节约磁盘空间等优点。

2. 使用不同的分区

安装操作系统时，应用程序不要和操作系统放在同一个分区中，至少要在硬盘上留出两个分区，一个用来安装操作系统和重要的日志文件，另一个用来安装应用程序，以免攻击者利用应用程序的漏洞导致系统文件的泄漏与损坏。

3. 系统版本的选择

Windows 有各种语言的版本，可以选择英文版或简体中文版。

4. 安装顺序

在本地系统用光盘等安装，接着是安装各种应用程序，最后再安装最新系统补丁。

5. 及时安装最新补丁程序

要经常访问微软和一些安全站点，下载最新的 SP(Service Pack)和漏洞补丁(Hot Fixes)程序，这是维护系统安全最简单也是最有效的方法。微软公司的产品补丁分为 2 类：SP 和 Hot Fixes。SP 是集合一段时间内发布的 Hot Fixes 的所有补丁，也称大补丁，一般命名为 SP1、SP2 等；Hot Fixes 是小补丁，是为解决微软网站上最新安全告示中的系统漏洞而发布的。

6. 组件的定制

最好只安装确实需要的服务。在不确定的情况下，选择是不安装，需要时再补装也不晚。根据安全原则，最少的服务＋最小的权限＝最大的安全。

7. 启动设置

一旦系统安装完毕，除了硬盘启动外，软盘、光盘甚至是 USB 闪存的启动都可能带来安全的问题。可以在 BIOS 设置中禁止除硬盘以外的任何设备的启动。同时，要在 BIOS 中设置开机密码，开机密码是计算机安全的第一道防线。

8. 限制用户数量

去掉所有测试用户、共享用户和普通部门等账号。要知道，系统的账户越多，黑客们得到合法用户权限的可能性一般也就越大。

9. 创建 2 个管理员用账号

创建 2 个账号，一个一般权限账号用来处理一些日常事物，另一个拥有 Administrators 权限的账户只在需要的时候使用。要尽量减少 Administrators 登陆的次数和时间，因为只要登陆系统后，密码就存储在 WinLogon 中，非法用户入侵计算机时就可以得到登陆用户密码。

10. 使用文件加密系统 EFS

Windows 强大的加密系统能够给磁盘、文件夹(包括 Temp 文件夹)和文件加上一层安全保护，这样可以防止别人把硬盘上的数据读出。

11. 目录和文件权限

仅给用户真正需要的权限，权限的最小化原则是安全的重要保障。

12. 关闭默认共享

操作系统安装后，系统会创建一些默认的共享，如共享驱动器、共享文件和共享打印等，这意味着进入网络的用户都可以共享和获得这些资源。因此要根据应用需要，关闭不需要的共享服务。

13. 禁用 Guest 账号

Guest 账户，即所谓的来宾账户，可以访问计算机，虽然受到限制但也为黑客入侵打开了方便之门。如果不需要用到 Guest 账户，最好禁用它。

14. 清除转储文件和交换文件

转储文件(Dump File)是在系统崩溃和蓝屏时，把内存中的数据保存到转储文件，以帮助人们分析系统遇到的问题，但对一般用户来说是没有用的。另外，转储文件可能泄漏许多敏感数据，交换文件(页面文件)也存在同样问题。

15. 使用安全密码

Windows 允许设置口令的长度可达 127 位，要实现最大的保护工作，就要为“Administrator”账号创建至少 8 位长度的口令。开启 Windows 账号安全和密码策略，可以使设置的密码更加安全。

16. 随时锁定计算机

如果在使用计算机过程中，需要短暂离开计算机，可以通过使用 CTRL+ALT+DEL 组合键或屏幕保护程序来达到锁定屏幕的目的。

17. 关闭不必要的端口

Windows 中每一项服务都对应相应的端口，而黑客大多是通过端口进行入侵的，关闭一些端口可以防止黑客的入侵。

18. 关闭不必要的服务

为了方便用户，Windows 默认安装了许多暂时不用的服务。在系统资源相对紧张的情况下，额外的服务会导致系统资源紧张，引起系统的不稳定。它还会为黑客的远程入侵提供了多种途径。关闭一些不必要的服务可以降低隐患。

19. 备份和恢复数字证书

在使用 Windows 自带的加密文件系统(EFS)把一些重要数据加密保存后，在重装系统时如果没有原来备份的个人加密证书和密钥文件，被加密的文件将不能访问，所以数字证书的备份和恢复就显得十分重要。

20. 利用“网络监视器”

“网络监视器”可以细致到监视每一个数据包的具体内容，供用户详细了解服务器的数据流动情况。使用“网络监视器”可以帮助网管查看网络故障，检测黑客攻击。

21. 启用安全日志审核

安全日志是记录一个系统操作过程的重要手段。通过日志，可以查看系统一些运行状态，是审核最基本的入侵检测方法。

22. 保护注册表的安全

对于注册表应严格限制只能在本地进行注册，不能被远程访问。可以利用文件管理器设置只允许网络管理员使用注册表编辑工具 regedit.exe，限制对注册表编辑工具的访问。也可使用一些工具软件来锁住注册表，或利用 regedit.exe 修改注册表键值的访问权限。

23. 物理安全

服务器要放在装有监视器的隔离房间内，机箱等需要上锁，钥匙要放在安全的地方。因为任何人都可以把硬盘卸下来，到其他的系统上读取数据，破坏安全防护。桌面机和服务器一样，要尽可能地避免物理接触。

5.5.5 Unix 安全机制

Unix 是一种多用户、多任务的操作系统，因而 Unix 操作系统基本的安全功能需求就是不同用户之间避免相互干扰，禁止非授权访问系统资源。下面介绍 Unix 系统的主要安全机制。

1. 用户账号安全

用户号和用户组号是 Unix 系统用户和同组用户及用户的访问权限唯一的

标识。

2. 口令安全

为了防止普通用户访问 passwd 文件，减少攻击者窃取加密口令信息的机会，超级用户可以创建映像口令文件/etc/shadow。它使得用户可以把口令放在一个只有超级用户才能访问到的地方，从而避免系统中的所有用户都可以访问到这些信息。

3. 文件系统安全

在 Unix 系统中，文件访问权限主要通过文件的权限设置(chmod 命令)来实现。在多用户系统中，文件访问权限尽量应以满足要求为宜。

4. FTP 安全

匿名 FTP 是对网络文件传输进行安全保护的一种有效手段，在使用时需注意以下几点：

(1) 使用最新的 FTP 版本。

(2) 确保没有任何文件及其所有者属于 FTP 账户或必须不与它在同一组内。

(3) 确保 FTP 目录及其下级子目录的所有者是 Root，以便对有关文件进行保护。

(4) 确保 FTP 的 home 目录下的 passwd 不是/etc/passwd 的完全拷贝，否则容易给黑客破解整个系统的有关用户信息。

(5) 不要允许匿名用户在任何目录下创建文件或目录。

5. 文件加密

Unix 用户可以使用 crypt 命令加密文件。用户选择一个密钥加密文件，再次使用此命令，用同一密钥作用于加密后的文件，就可恢复文件内容。

一般来说，在加密文件前先用 pack 或 compress 命令对文件进行压缩后再加密。

6. Unix 日志文件

在 Unix 系统中，比较重要的日志文件有记录每个用户最后登录的时间(包括成功的和未成功的)的 /user/adm/lastlog 文件，记录当前登录到系统的用户的/etc/utmp 文件，记录用户的登录和注销的/usr/adm/wtmp 文件，记录每个用户运行的每个命令的 /usr/adm/acct 文件。

5.5.6 Linux 安全机制

Linux 采取了许多安全技术措施，如对读取权限控制、审计跟踪等。有些是以“补丁”程序的形式出现。

1. PAM 机制

PAM 是一套共享库，其目的是提供一个框架和一套编程接口，将认证工作由程序员交给管理员处理，PAM 允许管理员在多种认证方法之间做出选择，它能够改变本地认证方法而不需要重新编译与认证相关的应用程序。

PAM 的功能包括：

(1) 加密口令；

(2) 对用户进行资源限制，防止 DoS 攻击；

(3) 允许任意 Shadow 口令；

(4) 限制特定用户在指定时间从指定地点登录；

(5) 引入概念“client plug-in agents”，使 PAM 支持 C/S 应用中的机器认证成为可能。

2. 安全审计

Linux 提供网络、主机和用户级的日志信息,它可以提供攻击发生的真实证据。Linux 可以记录以下内容：

(1) 记录所有系统和内核信息；

(2) 记录每一次网络连接和它们的源 IP 地址、长度，有时还包括攻击者的用户名和使用的操作系统；

(3) 记录远程用户申请访问哪些文件；

(4) 记录用户可以控制哪些进程；

(5) 记录具体用户使用的每条命令。

3. 强制访问控制

强制访问控制是一种由系统管理员从全系统的角度定义和实施的访问控制，它通过标记系统中的主客体，强制性地限制信息的共享和流动，使不同的用户只能访问到与其有关的、指定范围的信息，从根本上防止信息的失泄密和访问混乱的现象。由于 Linux 是一种自由操作系统，目前实现强制访问控制的比较典型系统有 SElinux、RSBAC 等，采用的策略也各不相同。

4. 用户和文件配置

Linux 在用户和文件配置方面主要考虑以下几个方面：①删除所有不用的账户；②选择合适的密码策略；③超级用户配置；④限制用户对主机资源的使用；⑤保护一些文件免被改动；⑥/etc/exports 文件。

5. 网络配置

网络已成为 Linux 的内核核心部分之一，其重要性不言而喻。①删除不用的服务。对于旧的 Linux 系统，配置/etc/inetd.conf，去掉不用的服务。对于较新的系统，则在配置 xinetd.conf 以及/etc/xinetd.d 时，先备份原有配置，然后去掉所有的服务，然后再根据需要添加。②防止信息暴露。通过编辑修改/etc/rc.d/rc.local配置文件，避免显示过多信息。③避免域名欺骗。"/etc/host.conf"文件说明了如何解析地址，通过编辑该文件可以避免域名欺骗。④TCP/IP属性的配置。可以通过编辑/etc/rc.d/rc.local以使本地系统不响应远程系统的Ping数据包，防止类似SYN Flood拒绝服务的攻击。

6. Linux 安全模块LSM

Linux安全模块(LSM)目前作为一个Linux内核补丁的形式实现。其本身不提供任何具体的安全策略，而是提供了一个通用的基础体系给安全模块，由安全模块来实现具体的安全策略。其主要在4个方面对Linux内核进行了修改：①在特定的内核数据结构中加入了安全域；②在内核源代码中不同的关键点插入了对安全钩子函数的调用；③提供了函数允许内核模块注册为安全模块或者注销；④将capabilities逻辑的大部分移植为一个可选的安全模块。

Linux 安全模块对于普通用户的价值在于可以提供各种安全模块，由用户选择加载到内核中，满足特定的安全功能。Linux 安全模块本身只提供增强访问控制策略的机制，而由各个安全模块实现具体特定的安全策略。

7. 加密文件系统

目前Linux已有多种加密文件系统，如CFS、TCFS、CRYPTFS等。较有代表性的是TCFS，TCFS能够做到让保密文件对以下用户不可读：①合法拥有者以外的用户；②用户和远程文件系统通信线路上的偷听者；③文件系统服务器的超级用户。

5.5.7 Linux安全设置

下面将以RedHat Linux操作系统为环境，介绍Linux安全的基本设置。

1. 安装

要避免完全安装，即Everything选项。前面提到过系统提供的服务越多，漏洞越多，安全越差。

2. 特别的账号

禁止所有默认的被操作系统本身启动的且不需要的账号。

3. 启动加载程序

启动加载程序尽量使用GRUB而不使用LILO。

4. 使用sudo

sudo是一种以限制在配置文件中的命令为基础，在有限时间内给用户使用并且记录到日志中的工具。

5. 加强登录安全

通过修改/etc/login.defs 文件可以增加对登录错误延迟、记录日志、登录密码长度限制、过期限制等设置。

6. 备份重要的文件

将最重要和常用的命令文件备份，防止计算机病毒等。

7. 关闭一些服务

关闭不必要使用的服务进程以减少漏洞。

8. NFS 服务

如果希望禁止用户任意的共享目录，可以增加 NFS 限制。

9. 使用日志服务器

创建一台服务器专门存放日志文件，可以通过检查日志来发现问题，还应该设定日志远程保存。

10. 使用 SSH

为了防止被嗅探器捕捉敏感信息，使用 SSH 是最好的选择。

11. 其他

(1) 使用更安全的文件传输工具。

(2) 使用系统快照。系统快照是利用对系统文件编排数据库来定期发现系统的变化。

(3) 将系统软件和应用软件升级为最新版本。

(4) 不断升级内核。

5.6 本章小结

操作系统在现代计算系统中有着十分重要的地位，它为计算和信息提供保护。由于这一原因，它也很容易遭受攻击。

许多桌面操作系统并不能很好地处理攻击，操作系统对开发者和用户的易用性越高，保证其安全性就越难。由于不断增加新的功能，操作系统的复杂度也不断提升。在开发系统时保证所有细节都是正确的是非常困难的。大量的部件相互交互，现代操作系统的复杂度已经到了一个非常高的程度，而复杂性通常是安全性的敌人。

5.7 思考和实践

(1) 阅读某个真实操作系统的源码。Linux 操作系统的源码可以从 www.kernel.org 上自由下载，或者可以查看 Linux 的简化版：Minix，能够从

www.minix3.org 上下载。为了能够对复杂性有一个正确的认识，尝试完成一些需要修改代码的任务，如实现一个系统调用。

(2) 比较和对比将某个应用，如 Windows Explorer，放到用户空间所带来的安全上的好处。它是可信计算基础(TCB)的组成部分吗？它的某些部分需要放在 TCB 中吗？哪些应用或者服务应该运行在内核空间？能否提出一个需求列表，以满足将某个应用放到内核空间的需要？

(3) 调查朋友和同事。他们使用的操作系统是什么？如果是 Windows，他们日常使用时，用的是管理员身份还是普通用户身份？